数控车削编程与加工

主　编　刘新平　陈伟栋
副主编　王建立　沈　斌
主　审　滕文建　李振明

U0260224

北京理工大学出版社
BEIJING INSTITUTE OF TECHNOLOGY PRESS

图书在版编目（CIP）数据

数控车削编程与加工 ／ 刘新平，陈伟栋主编 .—北京：北京理工大学出版社，2017.1

ISBN 978 – 7 – 5682 – 2846 – 6

Ⅰ.①数… Ⅱ.①刘…②陈… Ⅲ.①数控机床 – 车床 – 车削 – 程序设计 – 高等学校 – 教材②数控机床 – 车床 – 车削 – 加工 – 高等学校 – 教材 Ⅳ.①TG519.1

中国版本图书馆 CIP 数据核字（2016）第 195965 号

出版发行 ／ 北京理工大学出版社有限责任公司

社　　址 ／ 北京市海淀区中关村南大街 5 号

邮　　编 ／ 100081

电　　话 ／（010）68914775（总编室）

　　　　　（010）82562903（教材售后服务热线）

　　　　　（010）68948351（其他图书服务热线）

网　　址 ／ http：//www.bitpress.com.cn

经　　销 ／ 全国各地新华书店

印　　刷 ／ 北京富达印务有限公司

开　　本 ／ 787 毫米 × 1092 毫米　1/16

印　　张 ／ 12　　　　　　　　　　　　　　　　责任编辑 ／ 孟雯雯

字　　数 ／ 283 千字　　　　　　　　　　　　　　文案编辑 ／ 多海鹏

版　　次 ／ 2017 年 1 月第 1 版　2017 年 1 月第 1 次印刷　责任校对 ／ 周瑞红

定　　价 ／ 41.00 元　　　　　　　　　　　　　　责任印制 ／ 马振武

前　　言

　　"数控车削编程与加工"是机械设计与制造专业的一门核心主干课程，是集数控机床、加工工艺、编程、检测于一体的实践性较强的专业课，为了帮助读者加深对理论知识的进一步理解，增强数控加工操作技能，本书设置六个教学项目，每个项目以企业生产典型零件为载体，下设加工任务，明确任务目标及相关资讯的学习，列出计划，做出决策，实施任务，作出检查与评价的形式组成，其中，相关资讯包括完成该项目任务所需的加工工艺、机床、编程以及操作等方面的知识，每一个项目任务都是一个完整的工作过程，可以满足一边学习理论知识，一边在机床上实际操作，实现教、学、做一体化教学的要求。

　　本教材项目内容的安排按照认知的规律，由简单到复杂，由单一到综合，所包含的知识由浅入深、层层递进，在完成项目任务的过程中，知识逐渐被系统掌握，能力逐步得到提高。

　　本书既可以作为高等院校机械设计与制造专业及其相关专业的教学用书，也可供其他院校相关专业学生和工程技术人员、操作技术工人参考。

　　本书由刘新平、陈伟栋担任主编，王建立、沈斌担任副主编，金山、鲍梅连、温红、许永平参与编写，滕文建、李振明共同主审。

　　由于水平所限，书中不妥、疏漏或错误之处，敬请各位专家和读者批评指正。

编　　者

目　　录

项目一　阶梯轴类零件数控车削加工

🔃 知识目标

①了解数控车床的基本知识，包括车床的型号、种类组成、工作原理、加工特点及加工范围等；

②认识并掌握 FANUC－0i 系统操作面板各功能的含义；

③掌握机床坐标系及工件坐标系的建立方法及意义；

④掌握数控车床基本的编程规范及指令 G00、G01 的意义；

⑤掌握粗、精加工工艺路线的确定及工艺参数的选择。

🔃 能力目标

①能够编制数控加工程序；

②能够正确装夹工件及刀具；

③能够操作数控车床完成零件的加工；

④能够通过补偿控制零件的尺寸精度；

⑤能够正确使用千分尺测量零件尺寸。

🔃 引导案例

如图 1－1 所示车床主轴箱，运动由输入端传送到输出端，轴作为传动件的支承件，有广泛的应用。轴类零件的加工是生产中最常见的，在这里我们通过几个任务，主要掌握阶梯轴类零件数控车削加工的特点以及数控车床编程的基本规范。

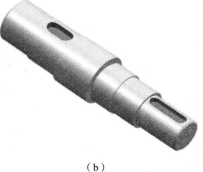

（a）　　　　　　　　　　　　（b）

图 1－1　车床主轴箱

任务一 单阶梯轴的手动车削加工

任务描述

图 1-2 所示为一单台阶轴零件，要求学生在数控车床上手动加工完成。通过该零件的加工，能够熟练掌握数控车床的开机与关机、回零、手动换刀、机床主轴旋转、刀具进给以及速度的调整等基本操作，能够手动切削工件，并能根据坐标值保证工件尺寸，分析比较数控车床与普通车床的加工特点。

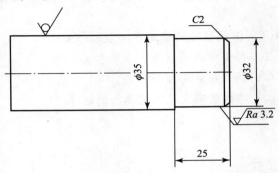

图 1-2 单台阶轴

知识准备

一、数控车床基本知识

（一）数控车床基本概念

1. 数字控制（NC）

数字控制是用数字化信号对机构的运动过程进行控制的一种方法。

2. 数控系统（NC System）

数控系统是实现数字控制相关功能的软、硬件模块的集成。它能自动阅读输入载体上的程序，并将其译码，根据程序指令向伺服装置和其他功能部件发送信息，控制机床的各种运动。

3. 计算机数控系统（CNC System）

计算机数控系统是以计算机为核心的控制系统，由装有数控系统程序的专用计算机、输入/输出设备、可编程序控制器（PLC）、存储器、主轴驱动及进给驱动装置等组成，又称 CNC。

4. 数控机床（NC Machine）

数控机床是指应用数字技术对其运动和辅助动作进行自动控制的机床。操作时将编制好的加工程序输入到机床专用的计算机中，再由计算机指挥机床各坐标轴的伺服电动机去控制车床各部件运动的先后顺序、速度和移动量，并与选定的主轴转速相配合，车削出形状不同的工件，如图 1-3 所示。

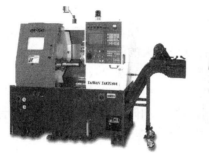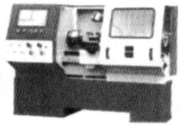

图 1 - 3　数控车床

（二）数控机床的型号、种类及组成

1. 数控车床型号

数控车床采用与卧式车床相类似的型号表示方法，由字母及一组数字组成。

例如：数控车床 CKA6140 各代号含义如下：

C——车床；

K——数控；

A——改型；

6——落地及卧式车床组；

1——卧式车床系；

40——床身上工件最大回转直径的 1/10（400 mm）。

2. 数控车床种类

数控车床可按不同方式分类。现按所配置的数控系统、数控车床功能、车床主轴配置形式和控制方式分别介绍。

（1）按数控系统分类

目前常用的数控系统有 FANUC 数控系统、SIEMENS（西门子）数控系统、华中数控系统、广州数控系统和三菱数控系统等。每一种数控系统又有多种型号，如 FANUC 数控系统从 0i 到 23i，SIEMENS（西门子）系统从 SINUMERIK 802S、802C 到 802D、810D、840D 等。各种数控系统指令各不相同，即使同一系统不同型号，其数控指令也略有差异，使用时应以数控系统说明书指令为准。

（2）按数控车床的功能分类

数控车床可分为经济型数控车床、普通数控车床和车削加工中心三大类。

①经济型数控车床是在卧式车床基础上进行改进设计的，一般采用步进电动机驱动的开环伺服系统，其控制部分通常采用单片机。经济型数控车床成本较低，自动化程序和功能都比较差，车削加工精度也不高，适用于要求不高的回转类零件的车削加工。

②普通数控车床是根据车削加工要求，在结构上进行专门设计并配备通用控制系统从而形成的数控车床。其数控系统功能强，自动化程度高，并且加工精度也比较高，可同时控制两个坐标轴，即 X 轴和 Z 轴，应用较广，适用于一般回转类零件的车削加工。

③车削加工中心在普通数控车床的基础上，增加了 C 轴和铣削动力头，更高级的数控车床带有刀库，可控制 X、Z 和 C 三个坐标轴。联动控制轴可以是（X、Z）、（X、C）或（Z、C）。

（3）按车床主轴配置形式分类

按车床主配配置形式可分为立式数控车床和卧式数控车床两种。

①立式数控车床，主轴处于垂直位置，有直径很大的圆形工作台，用于装夹工件，立式数控车床主要用于加工径向和轴向尺寸相对较小的大型号复杂零件。

②卧式数控车床，主轴轴线处于水平位置，生产中使用较多，常用于加工径向尺寸较小的轴类、盘类、套类复杂零件。它的导轨有水平导轨和倾斜导轨两种。水平导轨结构用于普通数控车床及经济型数控车床；倾斜导轨结构可以使车床具有较大的刚性，且易于排除切屑，用于档次较高的数控车床及车削加工中心。

（4）按控制方式分类

按控制方式可分为开环控制数控机床、闭环控制数控机床及半闭环控制数控机床。

①开环控制数控机床控制系统如图1-4所示，该控制系统没有位置检测元件，伺服驱动部件通常为反应式步进电动机或混合式伺服步进电动机。数控系统每发出一个进给指令，驱动电路功率放大后，驱动步进电动机旋转一个角度，再经过齿轮减速装置带动丝杠旋转，通过丝杠螺母机构转换为移动部件的直线位移。移动部件的移动速度与位移量是由输入脉冲的频率与脉冲数所决定的。此类数控机床的信息流是单向的，即进给脉冲发出去后，实际移动值不再反馈回来，所以称为开环控制数控机床。

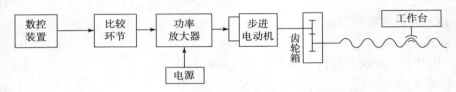

图1-4 开环控制系统

开环控制数控机床结构简单，成本较低。但是，系统对实际位移量不进行监测，也不能进行误差矫正。因此，步进电动机的失步、步距角误差、齿轮与丝杠等传动误差都将影响被加工零件的精度，开环控制系统仅适用于加工精度要求不是很高的中小型数控机床，特别是简易经济型数控机床。

②闭环控制数控机床是在机床移动部件上直接安装直线位移检测装置，直接对工作台的实际位移进行检测，将测量的实际位移值反馈到数控装置中，与输入的指令位移值进行比较，用差值对机床进行控制，使移动部件按照实际需要的位移量运动，最终实现部件的精确运动和定位。从理论上讲，闭环系统的运动精度主要取决于检测装置的检测精度，与传动链的误差无关，因此控制精度高。图1-5所示为闭环控制数控机床的系统框图。

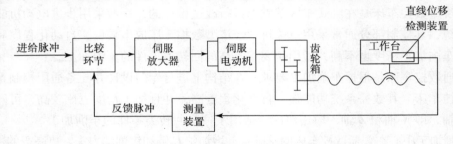

图1-5 闭环控制系统

闭环控制数控机床的定位精度高，但调试和维修都较困难，系统复杂，成本高。

③半闭环控制数控机床控制系统如图1-6所示。半闭环控制数控机床在伺服电动机的轴或数控机床的传动丝杠上装有角位移电流检测装置（如光电编码器等），通过检测丝杠的转角间接地检测移动部件的实际位移，然后反馈到数控装置中去，并对误差进行修正。通过测速元件和光电编码盘可间接检测出伺服电动机的转速，从而推算出工作台的实际位移量，将此值与指令值进行比较，用差值来实现控制。由于工作台没有包括在控制回路中，因而称为半闭环控制数控机床。

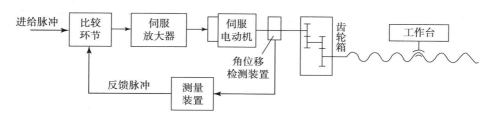

图1-6 半闭环控制系统

半闭环控制数控系统调试比较方便，并且具有很好的稳定性。目前大多数角度检测装置和伺服电动机设计成一体，使机床结构更为紧凑。

3. 数控机床的组成

（1）机床本体

机床本体由机床的基础大件（如床身、底座）和各运动部件（如工作台、床鞍、主轴等）组成。

（2）数控装置

数控装置是数控机床的中心环节，能够接受并处理输入的信息，将数字代码加以编译、存储、运算，输出相应的脉冲信号，并把信号传给伺服装置。数控装置通常由输入装置、内部存储器、运算器和输出装置4大部分组成。

（3）伺服装置

伺服装置（伺服单元＋驱动装置）是数控装置与机床本体的电传动联系环节，它是数控系统的执行部分。伺服装置接收数控系统的脉冲信号，并加以放大，按照指令信息的要求驱动执行机构完成相应的动作，以加工出符合要求的工件。

注：每一个脉冲使机床移动部件产生的位移量叫作脉冲当量。目前所使用的数控系统脉冲当量通常为0.001 mm/脉冲。

（4）检测和反馈装置

检测和反馈装置用于检测机床运行的位移与速度，并将反馈信息发送到数控装置，供数控装置与指令值进行比较，控制机床向消除误差的方向运动。CRT显示屏可以在线显示机床移动部件（刀具）的坐标值。一般安装在机床工作台或丝杠上，相当于普通机床刻度盘。

（三）数控加工原理

将被加工零件的几何信息和工艺信息数字化（即控制和操作刀具与工件的相对运动轨迹、主轴的转速和进给速度的变换、冷却液的开关、工件和刀具的交换等），按规定的代码和格式编制成加工程序，由输入部分输入数控系统，系统按照加工程序的要求，先进行插补运算和编译处理，然后发出控制指令使各坐标轴、主轴及辅助系统协调动作，并进行反馈控制，自动完成零件的加工。

数据转换与控制过程包括以下几部分：

1. 译码

将用文本格式编写的零件加工程序，以程序段为单位转换成机器运算所需要的数据结构，表达一个程序解释后的数据信息。

2. 刀补运算

零件的加工程序一般是按零件轮廓和工艺要求的进给路线编制的，数控机床加工过程中控制的是刀具中心运动轨迹，因此加工前必须将编程轨迹转换成刀具的中心轨迹。刀补运算就是完成这种转换的处理程序。

3. 插补运算

根据进给速度的要求，在轮廓起点和终点之间计算出中间点的坐标值，把这种实时计算出的各个进给轴的位移指令输入伺服系统，实现成形运动。

4. PLC 控制

CNC 系统对机床的控制分为轨迹控制和逻辑控制。前者是对各坐标轴位置和速度的控制，后者是对主轴起停、换向、刀具更换、工件的夹紧及冷却和润滑系统的运行等进行的控制。逻辑控制以各种行程开关、传感器、继电器、按钮等开关信号为条件，由 PLC 来实现。

（四）数控加工特点及加工范围

数控车床与卧式车床一样，主要用于轴类、盘套类等回转体零件的加工，如完成各种内、外圆的圆柱面、圆锥面、圆柱螺纹、圆锥螺纹及切槽、钻扩、铰孔等工序的加工；还可以完成卧式车床上不能完成的圆弧、各种曲线构成的回转面、非标准螺纹、变螺距螺纹等的表面加工。数控车床特别适合于加工要求精度高、表面粗糙度低、表面形状复杂的轴套类零件和盘类零件等。

二、FANUC-0i 数控机床的操作面板（见图1-7）

图1-7 FANUC-0i 数控机床的操作面板

FANUC - 0i 系统标准操作面板主要由 CRT/MDI 键盘以及机床控制面板组成。

（一）CRT/MDI 键盘

MDI 键盘用于程序编辑、参数输入等功能，按键及功能说明见表 1 - 1。

表 1 - 1

名　　称	功　能　说　明
复位键 [RESET]	使 CNC 复位或者取消报警等
帮助键 [HELP]	当对 MDI 键的操作不明白时，按下这个键可以获得帮助
软键	根据不同的画面，软键有不同的功能。软键功能显示在屏幕的底端
地址和数字键	输入字母、数字或者其他字符
切换键 [SHIFT]	在键盘上的某些键具有两个功能，按下 [SHIFT] 键可以在这两个功能之间进行切换
输入键 [INPUT]	当按下一个字母键或者数字键时，再按该键，数据被输入到缓冲区，并且显示在屏幕上。要将输入缓冲区的数据拷贝到偏置寄存器中等，则可按下该键
取消键 [CAN]	取消键，用于删除最后一个进入输入缓存区的字符或符号
程序功能键 [ALTER] [INSERT] [DELETE]	[ALTER] 替换键，在编辑状态下，替换光标所在位置的字符。 [INSERT] 插入键，在编辑状态下，在光标后输入字符。 [DELETE] 删除键，在编辑状态下，删除已输入的程序字及 CNC 中存在的程序
功能键 [POS] [PROG] [OFFSET SETTING] [SYSTEM] [MESSAGE] [CUSTOM GRAPH]	按下这些键，切换不同功能的显示屏幕
光标移动键	有四种不同的光标移动键。 → 将光标向右或者向前移动。 ← 将光标向左或者往回移动。 ↓ 将光标向下或者向前移动。 ↑ 将光标向上或者往回移动

（二）机床控制面板

机床控制面板的按键及其功能见表1-2。

表1-2

按键	名　　称	按键	名　　称
	自动键	Z原点灯	当 Z 轴返回参考点时，Z 原点灯亮
	编辑键	X	X 键
	MDI	Y	Y 键
	返回参考点键	Z	Z 键
	连续点动键	+	坐标轴正方向键
	增量键		快进键
	手轮键	-	坐标轴负方向键
	单段键		主轴正转键
	跳过键		主轴停止键
	空运行键		主轴反转键
	进给暂停键		急停键
	循环启动键		进给速度修调
	进给暂停指示灯		主轴速度修调旋钮
X原点灯	当 X 轴返回参考点时，X 原点灯亮	启动	启动电源键
Y原点灯	当 Y 轴返回参考灯亮	停止	关闭电源键

三、数控机床坐标系

在数控机床上加工零件，刀具与工件的相对运动是以数字的形式体现的。因此，必须建立相应的坐标系，才能明确刀具与工件的相对位置。

为了确定机床的运动方向和移动距离从而在机床上建立的坐标系就是机床坐标系。该坐标系是机床本身所固有的，机床经过设计、制造和调整后，机床坐标系已由机床生产厂家确定好了，一般情况下用户不能随便改动。

数控机床坐标系包括坐标原点、坐标轴和运动方向。

（一）国际标准化组织（ISO）对机床坐标系标准作出规定

①数控机床运动分为工件运动和刀具运动两部分。刀具运动即假定工件恒定不动，刀具相对于静止的工件运动。当工件运动时，在坐标轴符号上加"'"表示。

②增大刀具与工件之间距离的方向为坐标轴运动的正方向。

③数控机床坐标系采用笛卡尔右手直角坐标，如图 1-8 所示。

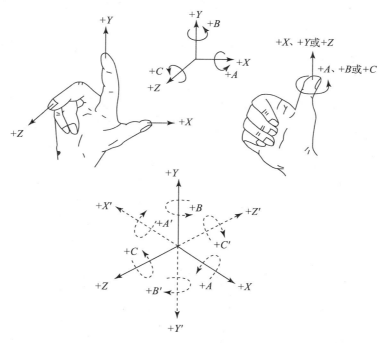

图 1-8　右手笛卡尔建立数控机床坐标系

数控机床基本坐标轴由 X、Y、Z 轴组成，它们与机床的主要导轨相平行，相对于每个坐标轴的旋转运动坐标轴分别为 A、B、C。右手大拇指的指向为 X 轴的正方向，食指指向为 Y 轴正方向，中指指向为 Z 轴正方向，用 $+X$、$+Y$、$+Z$ 表示。围绕 X、Y、Z 各轴的旋转运动及其正方向用右手螺旋定则判定，拇指指向 X、Y、Z 的正方向，四指弯曲的方向为对应各轴旋转的正方向，用 $+A$、$+B$、$+C$ 表示。

（二）坐标轴的判定方法

坐标轴的制定方法如图 1-9 所示。

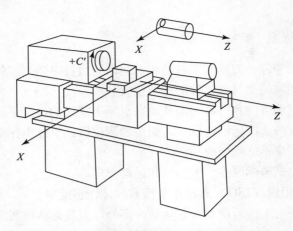

图 1-9 数控车床坐标系

1. Z 轴

平行于主轴轴线的坐标轴为 Z 轴，刀具远离工件的方向为轴的正方向。

2. X 轴

一般是水平的，平行于工件装夹平面的坐标轴为 X 轴，刀具远离工件的方向为正方向。对于旋转工件，X 轴为工件的径向，如车床。

3. Y 轴

Y 轴垂直于 X、Z 轴，当 X、Z 轴确定之后，按笛卡尔直角坐标右手定则判定 Y 轴及其正方向。X、Y、Z 轴的判定顺序：先 Z 轴，再 X 轴，最后按右手定则判定 Y 轴。

（三）机床原点

如图 1-10 所示数控机床的坐标系，机床坐标系原点也称机床原点，用 M 表示，是机床坐标系中一个固有的点，即其他坐标系和参考点的基准点。卧式数控车床的机床原点取卡盘后端面与旋转中心的交点。

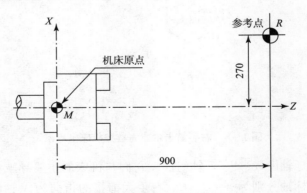

图 1-10 数控车床坐标系

（四）机床参考点

机床参考点是数控机床工作区确定的一个固定点，与机床原点有确定的尺寸联系，用 R 表示。通过回零操作，可根据机床参考点在机床坐标系中的坐标值间接确定机床原点的位置。参考点一般位于刀架正向移动的极限点位置。

· 10 ·

（五）机床坐标系的建立

机床开机后，按回零按钮，建立机床坐标系。

注意：若机床断电、急停或机床锁住，则机床需重新回零操作建立机床坐标系。

四、数控车床刀具种类

1. 按加工用途分类

外圆车刀、内孔车刀、螺纹车刀和切槽刀等，如图 1-11 所示。

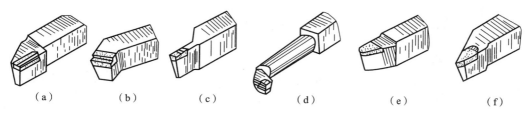

（a）　　　（b）　　　（c）　　　　（d）　　　　（e）　　　　（f）

图 1-11　车刀的种类

（a）90°外圆车刀；（b）45°端面车刀；（c）切断刀；（d）内孔车刀；（e）圆车刀；（f）螺纹车刀

2. 按刀尖形状分类

尖刀、圆弧刀及成形刀具，如图所示 1-12 所示。

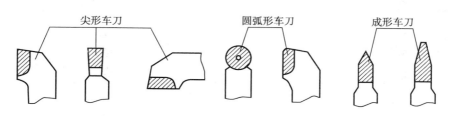

尖形车刀　　　　　　圆弧形车刀　　　　成形车刀

图 1-12　车刀

3. 按车刀结构分类

整体式、焊接式、机械加固式可转位车刀，如图 1-13 所示。为适应数控加工特点，数控车床常采用可转位车刀，并采用涂层刀片，以提高刀具的耐用度及切削效率。

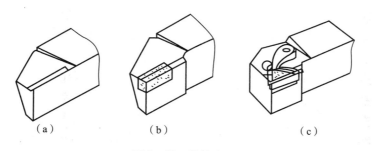

（a）　　　　　（b）　　　　　（c）

图 1-13　数控车刀

（a）整体式；（b）焊接式；（c）机械加固式

五、数控车床基本操作

（一）机床开机

①接通机床电源。

②接通系统电源，检查 CRT 画面内容。

③按下急停旋钮。

注意：接通数控系统电源后，系统软件自动运行。启动完毕后，CRT 画面显示"EMG"报警，此时应松开急停旋钮，然后按面板上的复位键，机床将复位。

（二）返回机床参考点

①选择方式；

②在回原点模式下，先让 X 轴回原点，按操作面板上的按钮，使 X 轴方向移动指示灯变亮；按按钮，此时 X 轴将回原点，X 轴回原点灯变亮。同样，再按 Z 轴方向的移动按钮，使指示灯变亮；按按钮，此时 Z 轴将回原点，Z 轴回原点灯变亮。

③注意事项。

a. 返回参考点应先回 X 轴、再回 Z 轴，以免发生碰撞；

b. 若刀架离参考点太近，则返回参考点时机床易产生超程报警；

c. 若超程报警，则按住超程解除按钮，手动向相反方向运动，单击复位键解除；

d. 机床断电、急停或机床锁住后需重新进行回零操作。

（三）装夹工件及刀具

将工件装夹在三爪卡盘上，三爪卡盘具有自动定心功能，较短工件无须找正。

①车刀刀尖的高度应对准回转中心。根据经验，一般粗车时，车刀高度比回转中心稍高一些；精车时车刀刀尖高度稍低一些，一般不超出工件直径的1%。可采用试切断面或根据尾座顶尖高低找正。锁紧方刀架后，选择不同厚度的刀垫垫在刀杆下面，垫片数量一般为 2~3 块。

②刀头不能伸出刀架过长，一般为刀坯厚度的 1.5~2 倍，如确要伸出较长才能满足加工要求，也不能超过 3 倍。

③车刀装上后紧固刀架螺丝，一般要紧固两个螺钉且应轮换逐个拧紧。

（四）手动切削工件

①按操作面板上的手摇按钮，手摇状态指示灯变亮，机床进入手摇操作模式，按控制面板上的按钮，使 Z 轴方向移动指示灯变亮，按按钮，使机床在 Z 轴方向移动；同样方法使机床在 X 轴方向移动。通过手摇方式将刀架靠近工件，如图 1-14 所示。

②按操作面板上的或按钮，使其指示灯变亮，主轴转动。

③再按 X 轴方向选择按钮，使 X 轴方向指示灯变亮，按按钮，使车刀沿 X 轴方向退至稍大于工件直径的位置。

④按按钮，再按按钮，使刀具切入一定深度（约 1 mm）。

⑤调小进给倍率至"×10"，按 X 轴方向选择按钮，使 X 轴方向指示灯变亮，按按

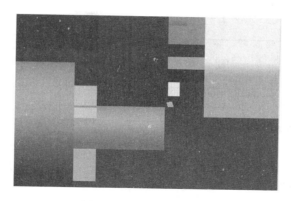

图 1 - 14   刀具靠近工件

钮，使车刀切削端面至工件中心；按 <u>+</u> 按钮，使刀具退出，并记录此时机床坐标值为 Z_1。

⑥按" $-X$"按钮，使刀具按直径方向切入一定深度（约 1 mm）。

⑦调小进给倍率，按 Z 轴方向选择按钮，使 Z 轴方向指示灯变亮 $\boxed{Z}$，按 <u>-</u> 按钮，使车刀切削外圆至 $Z_2 = Z_1 - 25$；按 <u>+</u> 按钮，使刀具退出，并记录此时的 X_1 坐标值。

⑧测量工件外径记为 d，零件要求加工尺寸为 $\phi 32$ mm，按" $-X$"按钮，使刀具按直径方向切入至坐标值 $X_2 = X_1 - (d - 32)$。

⑨调小进给倍率，按 Z 轴方向选择按钮，使 Z 轴方向指示灯变亮 $\boxed{Z}$，按 <u>-</u> 按钮，使车刀切削外圆至 $Z_2 = Z_1 - 25$。

⑩按" $+X$"按钮，使刀具退出工件外圆 1 ~ 2 mm，按" $+Z$"按钮，使刀具快速退出到安全位置。

⑪手动换 45°外圆车刀，倒角 C2，刀具退出，主轴停止旋转。

（五）测量工件

使用 0 ~ 150 mm 游标卡尺测量工件的外径及长度，若有误差应及时车削修正。

①游标卡尺的正确使用方法，如图 1 - 15 所示。

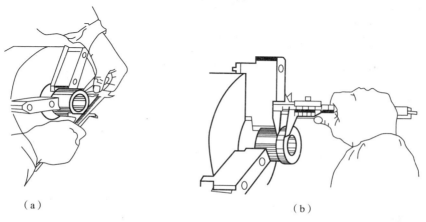

（a）   （b）

图 1 - 15   游标卡尺测量工件

（a）测量工件外径；（b）测量工件长度

②正确识读游标卡尺，如图1－16所示。

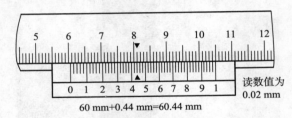

读数值为 0.02 mm

60 mm+0.44 mm=60.44 mm

图1－16 游标卡尺正确读数

（六）关闭机床操作

拆卸工件、刀具，将刀架移动到机床尾部，打扫床身及导轨并在导轨上涂抹润滑油，关闭"急停"按钮，关闭系统电源，关闭机床电源，关闭总电源。

（七）机床操作注意事项

①机床回参考点后切换成手动模式（JOG 模式）时不能再按"＋X""＋Z"按钮，否则会因超程而报警，沿 $-X$、$-Z$ 轴移动也应注意不能超过机床移动范围；

②刚开始训练尽量不用快速键，尤其是 $-Z$、$-X$ 方向，以避免刀具撞到机床主轴或工件表面；

③工件、车刀的装拆要严格遵守安全操作规程；

④夹紧工件后，卡盘扳手要随时取下；

⑤试切削过程中，应随时注意调节进给速度旋钮，避免进给速度过快而损伤车刀；

⑥加工过程中应关好机床防护门。

职业能力训练

🔄 训练目标

①能够操作机床开机、关机、回零和手动换刀等；

②能够手动熟练操作机床主轴旋转和刀具进给，并能调整速度；

③能够正确装夹工件及刀具；

④能够手动试切工件，并能根据坐标值保证工件尺寸。

🔄 训练条件

①安装宇龙数控仿真软件的电脑；

②CK6136 数控车床；90°外圆车刀；45°外圆车刀；ϕ35 mm×70 mm 毛坯；0～150 mm 游标卡尺。

🔄 工作流程

分析零件图纸——确定工艺方案——相关知识学习及仿真训练——设备、毛坯、量具准备——学生分组——教师现场讲授数控车床基本操作知识——学生实际操作训练——检查、评价。

实施步骤

①教师带领学生参观实训车间设备，重点了解数控车床的种类及功能；

②结合数控车床仿真训练讲授相关知识；

③教师操作数控车床讲授数控车床的基本操作知识（开关机、回零、手动、手摇、换刀、主轴旋转等）；

④学生操作机床完成零件加工及测量。

注意事项

教师需提前准备好设备、刀具、毛坯及量具。

任务二　双台阶轴的数控编程加工

任务描述

图 1-17 所示为一双台阶轴零件，要求学生用数控程序自动运行完成零件加工。通过该零件的加工，能够了解基本编程指令的意义及数控车床编程的基本规范，编制简单的数控加工程序；能操作数控车床对刀具建立工件坐标系；能够进行程序输入及编辑处理；能够自动运行程序完成零件加工。

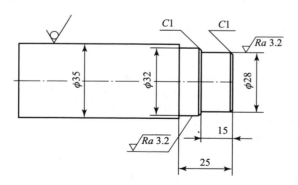

图 1-17　双台阶轴图纸

知识准备

一、数控车削编程基本规范

（一）程序的结构及组成
一个完整的程序由程序号、程序内容和程序结束三部分组成。

例如：　　O0001;　　　　　　　　　　　　　　　　　（程序号）

N010 G90 G92 X0 Y0 Z0;

N020 G42 G01 X10.0 Y10.0 D5.0 F80;

…

N080 G00 G40 X0 Y0;

N090 M30;　　　　　　　　　　　　　　　　　（程序结束）

1. 程序号

为了区别数控系统中存储的程序，每一个程序都需进行编号。程序号由地址符和数字组成。

如：O0001

O——程序号的地址符；

0001——程序的编号（0000~9999）。

注：

①前面的0可以省略，如O0020可写成O20。

②不同的数控系统，程序号地址符有所不同，一般常用的地址符有O、P、%等。

③一定要选用机床说明书规定的符号。

2. 程序内容

程序内容是整个程序的核心，由若干程序段组成，每个程序段由一个或多个指令构成，表示机床要完成的动作。

3. 程序结束

以M02或M30作为整个程序的结束指令。

（二）程序段与程序字的含义

1. 程序段的格式

程序段由若干个程序字组成，用来指定一个加工步骤。一般格式为：

N__ C__ X__ Y__ Z__ F__ S__ T__ M__ LF

程序　准备　　尺寸字　　　进给　主轴　刀具　辅助　结束
段号　功能　　　　　　　　功能　功能　功能　功能　标记

2. 程序段的组成

程序段由程序段号、程序字和程序段结束符三部分组成。

（1）程序段号

程序段号或称顺序号，位于程序段的开头，由地址符N + 数字（1~4位）组成。

作用：便于程序检索或跳转的目标位置指示。

注意：

①数字应为正整数，如N1。

②数字可以不连续使用，一般设定增值量为10，以便于插入新程序段。

③数字的大小及次序可以颠倒，也可以省略。程序按照输入程序段的先后顺序执行，或者说程序在系统内执行的先后顺序与程序段号无关。

④在程序段前加跳跃符号"/"，在操作面板上按"程序跳段"按钮，那么程序将跳过该程序段执行，若该按钮无效，则该程序段照常执行。

（2）程序字

程序字是独立的信息单元，是控制机床的具体指令，由地址符和字符组成。

（3）程序段结束符

程序结束标记"CR""LF"，实际使用"；"或"＊"表示结束，有时也用"Enter"表示。

注：程序按段执行，段与段之间必须有结束符。

（三）常用地址符及其含义（见表1－3）

表1－3 常用地址符及其含义

功 能	地址符	意 义
程序号	O、P、%	程序编号、子程序号的指令
程序段号	N	程序段顺序号
准备功能	G	机床动作方式指令
坐标字	X、Y、Z	坐标轴的移动地址
	I、J、K	圆心坐标地址
	A、B、C；U、V、W	附加轴的运动地址
进给速度	F	进给速度的指令
主轴功能	S	主轴转速指令
刀具功能	T	刀具编号指令
补偿功能	H、D	补偿号指令
暂停功能	P、X	暂停时间指令
重复次数	L	子程序与固定循环重复次数指令
圆弧半径	R	圆弧半径地址
辅助功能	M	机床开/关指令

（四）数控系统基本功能指令含义

1. 准备功能 G 代码

准备功能指令，又称准备功能字，用地址符 G 表示，它是使数控机床做好某种准备的指令。G 指令由 G 和后面的两位数字组成，常用的有 G00～G99。我国 JB/T 3208－1983 规定的准备功能 G 指令见表1－4。

表1－4 准备功能 G 代码

代码	分组	意 义	格 式
G00		快速进给、定位	G00 X__ Z__;
G01	01	直线插补	G01 X__ Z__ F;
G02		圆弧插补 CW（顺时针）	$\left\{\begin{matrix}G02\\G03\end{matrix}\right\}$ X__ Z__ $\left\{\begin{matrix}R\_\_\\I\_\_ K\_\_\end{matrix}\right\}$;
G03		圆弧插补 CCW（逆时针）	
G04	00	暂停	G04 X__; X 单位为 s; G04 P__; P 单位为 ms（整数）

续表

代码	分组	意　义	格　式
G20	06	英制输入	
G21		米制输入	
G28		回归参考点	G28 X__ Z__;
G29		由参考点回归	G29 X__ Z__;
G32	01	螺纹切削	G32 X(U)__ Z(W)__ F(L); L 指螺纹导程,单位为 mm
G40		刀具补偿取消	G40 G00 X__ Z__;
G41	07	左半径补偿	$\left.\begin{matrix} G41 \\ G42 \end{matrix}\right\}$ Dnn
G42		右半径补偿	
G50	00		设定工件坐标系: G50 X__ Z__; 偏移工件坐标系: G50 U__ W__;
G70		精加工循环	G70 P(ns) Q(nf);
G71		外圆粗车循环	G71 U(Δd) R(e); G71 P(ns) Q(nf) U(Δu) W(Δw) F(f);
G72		端面粗切削循环	G72 W(Δd) R(e); G72 P(ns) Q(nf) U(Δu) W(Δw) F(f) S(s) T(t);
G73	00	封闭切削循环	G73 U(i) W(Δk) R(d); G73 P(ns) Q(nf) U(Δu) W(Δw) F(f);
G74		端面切断循环	G74 R(e); G74 X(U)__ Z(W)__ P(Δi) Q(Δk) R(Δd) F(f);
G75		内径/外径切断循环	G75 R(e); G75 X(U)__ Z(W)__ P(Δi) Q(Δk) R(Δd) F(f);
G76		复合型螺纹切削循环	G76 P(m)(r)(α) Q(Δd_{min}) R(d); G76 X(U)__ Z(W)__ R(i) P(k) Q(Δd) F(l);
G90		直线车削循环加工	G90 X(U)__ Z(W)__ F__; G90 X(U)__ Z(W)__ R__ F__;
G92	01	螺纹车削循环	G92 X(U)__ Z(W)__ F__; G92 X(U)__ Z(W)__ R__ F__;
G94		端面车削循环	G94 X(U)__ Z(W)__ F__; G94 X(U)__ Z(W)__ R__ F__;
G98	05	每分钟进给速度	
G99		每转进给速度	

（1）指令分组

将系统中不能同时执行的指令分为一组，并编号区别。

（2）模态指令

模态指令也称续效指令，表示该指令一旦在程序段中指定，在接下来的程序段中一直有效，直到同组的另一指令出现，该指令才失效。

作用：避免了大量重复指令，简化了编程。

（3）非模态指令

仅在编入的程序段才有效的指令，如 G04、M00 和 M06 等。

通常情况下绝大部分的 G 代码与所有的 F、S、T 指令均为模态指令，M 指令具体对待。

（4）开机默认指令

将每一组的指令都选取一个作为开机默认指令。该指令在开机或系统复位时可以自动生效，因而在程序中可不再编写。常见的开机默认指令有 G18、G40、G21、G99 和 G97 等。

（5）说明

①G 代码被划分为不同的组。G 指令分为模态指令和非模态指令。模态 G 代码是指这些 G 代码一经使用一直有效，直到程序中出现另一个同组的 G 代码为止。同组的模态 G 代码起不同的作用，它们之间是不相容的，如 G00、G01、G02 和 G03。非模态的 G 代码，只在所在的程序段中起作用，如 G04。

②同一程序段中可以有几个不同组的 G 代码出现（G98 G40 G21），但当两个或两个以上的同组 G 代码出现时，最后出现的一个 G 代码有效，如 G98 G20 G90 G02 G01 X30 F60。

③当电源接通或复位时，此时开机默认代码，但 G21、G20 保持原来设置。

④如果程序中出现了表中没有的 G 代码，CNC 会显示 10 号报警。

2. 辅助功能 M 代码（见表 1-5）

表 1-5　辅助功能 M 代码

代　码	意　　义	格　　式
M00	停止程序运行	
M01	选择性停止	
M02	结束程序运行	
M03	主轴正向转动开始	
M04	主轴反向转动开始	
M05	主轴停止转动	
M06	换刀指令	M06 T__
M08	冷却液开启	
M09	冷却液关闭	
M30	结束程序运行且返回程序开头	
M98	子程序调用	M98 P xx nnnn
M99	子程序结束	

（1）定义

辅助功能代码也称辅助功能字，用地址符 M 表示，又称 M 代码。

（2）作用

辅助功能代码用于指定数控机床加工时的辅助动作及状态，如主轴的起停、正反转，冷却液的开、关，刀具的更换等。

（3）组成

地址符＋两位数字。

（4）分类

模态指令和非模态指令。

（5）常用辅助功能的说明

①M00——程序停止。

M00 是一个暂停指令，当执行 M00 时，主轴转动、刀具的进给、切削液的加注都将停止。它与单程序段停止相同，以便进行某种手动操作。按"循环启动"按钮后，可继续执行后面的程序。

②M01——选择性停止。

只有按下"选择性停止"按钮才有效，否则机床继续执行后面的程序。

③M02——程序结束。

此命令在程序最后一段，表示执行完程序的所有指令后，机床处于复位状态，程序结束后不返回到开头位置。

④M30——程序结束并返回。

使用 M30 时，自动返回到程序的第一条语句，准备下一个工件的加工。

3. 进给功能 F 代码

（1）定义

进给功能是指定刀具切削进给的速度，由地址符 F 及其后面的数字组成。

F 代码用 G98、G99 两指令来设定进给速度的单位。

①G98 表示每分钟刀具移动的距离。

如：G98　G01 X__ Z__ F12.3;

表示进给速度为 12.3 mm/min。

②G99 表示每转一转刀具移动的距离。

如：G99　G01 X__ Z__ F1.23;

表示进给速度为 1.23 mm/r。

（2）说明

①G98 与 G99 属于同组指令，G98 与 G99 只能用对方去取消。

②数控车床默认为 G99；数控铣床、加工中心默认为 G98。

③F 功能为续效代码，在 G01、G02、G03 等方式下一直有效，直至被新的 F 值所取代或由 G00 指令将其取消，G00 快速进给时 F 无效。

④车削螺纹时因主轴转速与刀具严格对应，故进给倍率开关无效，固定在 100%。

⑤进给量 F 在实际加工时可在一定范围内调节，由控制面板上的倍率按钮调节控制，范围在 0%～120%。实际进给速度是程序指定值与进给倍率的乘积。

4. 主轴功能 S 代码

（1）定义

指令主轴转速或线速度，由地址符 S 和数字组成。

（2）分类

主轴转速的单位有两种，一种是 r/min，另一种是 m/min，在程序中用 G96 和 G97 来指定。

①G96——恒线速度控制指令。

格式：G96　S××；

例如：G96　S100；

表示切削线速度为 100 m/min。

②G97——取消恒线速度控制指令。

格式：G97　S××；

开机默认状态 G97。

例如：G97　S1000；

表示主轴转速为 1 000 r/min。

③G50——限制主轴最高转速指令。

格式：G50　S××；

例如：G50　S3000；

表示主轴最高转速 3 000 r/min。

（3）说明

①在车削端面或工件直径变化较大时，为了保证车削表面质量一致，常使用恒线速度 G96 控制，即切削时任意点的切削速度是固定的。当工件直径变化不大时，一般选用 G97 恒转速控制。

②当采用 G96 恒线速指令时，必须配合 G50 最高限速使用。

当用 G96 恒线速度控制加工端面、锥面和圆弧面时，由于 X 轴的直径 D 值不断变化，刀具接近工件的旋转中心时，主轴的转速会越来越高，采用 G50 主轴最高转速限定指令，可以防止因主轴转速过高、离心力太大产生危险，影响机床寿命。

③实际操作时，可通过机床操作面板上的主轴倍率开关对主轴转速进行修正。

5. 刀具功能 T 代码

（1）定义

指系统用来选刀或换刀的功能指令，由地址符 T 和后面的数字组成。

（2）作用

用于指定刀具和刀具补偿（偏置补偿、磨耗补偿、半径补偿、刀尖刀位号）。

（3）分类

刀具号和刀具补偿号有两种形式。

①T××——前一个×为刀具号，后一个×为刀补号。

如：T11 表示选择 1 号刀执行 1 号补偿值。

②T××××——前一组××为刀具号，后一组××为刀补号。

如：T0101 表示选择 1 号刀执行 1 号补偿值；

T0205 表示选择 2 号刀执行 5 号补偿值；

T0100 表示选择 1 号刀撤销补偿值。

（4）注意

刀具号与补偿号不一定相同，一般 FANUC 执行 T××××格式；SIEMENS 执行两位数格式，如 T05D01。

（五）数控编程的一般规则

1. 采用绝对坐标编程方式、增量坐标编程方式或混合坐标编程方式

（1）绝对坐标编程

格式：G00 X＿ Z＿；

说明：刀具运动的终点是用绝对坐标指定的。

（2）增量坐标编程

格式：G00 U＿ W＿；

说明：刀具运动的终点是用增量坐标编程的，地址 U 后面的数字为 X 方向实际移动量的 2 倍，是直径值。

（3）混合坐标编程

格式：G00 X＿ W＿

或 G00 U＿ Z＿；

（4）注意

①FANUC 车床不允许用 G90、G91 指令来指定绝对坐标与增量坐标，但数控铣床可以。

②增量坐标值正负与刀具（或工件）的运动方向有关，当刀具的运动方向与机床坐标系正方向一致时为正，反之为负。

2. 直径编程与半径编程

车削零件的横截面一般都为圆形。X 尺寸有直径指定和和半径指定两种方法，注意没有特别说明，一般 X 为直径值，见表 1－6 的有关规定。

表 1－6　直径与半径编程的相关规定

项　　目	注意事项
Z 指令	与直径、半径无关
X 指令	用直径值
U 增量指令	用直径值
坐标系设定 G50	用直径制定 X 轴坐标
刀具位置补偿 X 值	用参数设定直径值还是半径值
G90 ~ G94 X 轴切深	用半径值
圆弧半径指令（R、I）	用半径值
X 轴进给速度	用半径值
X 轴位置显示	用直径值

3. 小数点编程

控制系统可以输入带小数点的数值，对于表示距离、时间和速度单位的指令值可以使用

小数点，但是某些地址不能用小数点。可以用小数点输入的地址如下：

X、Y、Z、I、J、K、R、F、U、V、W、A、B、C。

注意：

一般数控系统中，带小数点的数值单位是 mm，不带小数点的数值单位是 μm。数控编程时，不管哪种系统，为保证程序的准确性，最好不要省略小数点的输入。

4. 米制与英制编程

FANUC 系统采用 G21、G20 来进行米制与英制的切换；其中 G21 表示米制，而 G20 表示英制。例如：

G20 G01 X20.0；

表示刀具向 X 正方向移动 20 in①。

G21 G01 X50.0；

表示刀具向 X 正方向移动 50 mm。

注意：

①米、英制对旋转运动无效，旋转运动的单位总是（°）。

②数控系统默认前面设置的米制或英制模式。

二、G00、G01 指令的应用

（一）快速点定位（G00）

1. 格式

　　　G00 X__ Z__ ；

或　　G00 U__ W__ ；

程序中：X __、Z __ 和 U __、W __ ——定位点坐标。

例如：如图 1 - 18 所示，从起点 A 快速移动到目标点 B 的编程为：

　　　G00 X60.Z100.；

或　　G00 U40.W80.；

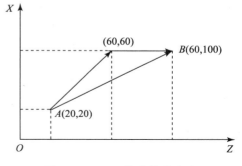

图 1 - 18　G00 指令快速移动

2. 注意

刀具在移动过程中先在 X、Z 方向移动相同的增量后再到目标点，运行轨迹可能是折线。

3. 说明

①快速定位指令 G00 使刀具以点控制方式，从刀具所在点快速移动到目标点。它只是快速定位，对中间空行程无轨迹要求，目的是节省非加工时间。

②G00 指令中的快进速度由机床参数对各轴分别设定，与程序段中的进给速度无关，或者说不能用程序规定。由于各轴以各自速度移动，不能保证各轴同时到达终点，因而联动的合成轨迹并不总是直线。为防止刀具与尾座碰撞，在编写 G00 时，X 与 Z 轴最好分开写，靠近工件时，首先沿 Z 轴，然后再沿 X 轴运动；返回换刀位置时先沿 X 轴运动，再沿 Z 轴运动。

③快移速度可由面板上的快速修调旋钮修正。

---

①　1 in = 2.54 cm。

④G00 一般用于加工前快速定位或加工后快速退刀。

⑤G00 为模态指令，可由 G01、G02、G03、G33 指令注销。

（二）直线插补指令 G01

1. 格式

    G01 X__ Z__ F__；

或　　G01 U__ W__ F__；

程序中：X__、Z__和 U__、W__——直线终点位置坐标；

　　　　F__——进给指令，单位为 mm/r（FANUC 系统车床默认 G99）。

例如：如图 1-19 所示，用 G01 指令切削外圆柱表面。

程序：

    G01 X60. Z-80. F0.3；

或　　G01 U0 W-80. F0.3；

程序中：X__、U__指令可省略不写。

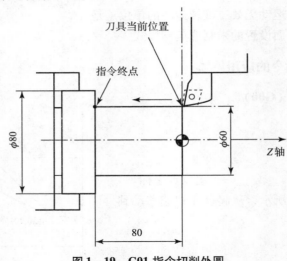

图 1-19　G01 指令切削外圆

2. 说明

①G01 指令刀具从当前位置以联动的方式，按程序段中 F 指令规定的合成进给速度（直线各轴的分速度与各轴的移动距离成正比，以保证指令各轴同时到达终点），按合成的直线轨迹移动到程序段所指定的终点。

②实际进给速度等于程序指令速度 F 与进给速度修调倍率的乘积。

③G01 和 F 都是模态代码，如果后续的程序段不改变加工的线型和进给速度，可以不再书写这些代码。

④G01 可由 G00、G02、G03 同组功能指令注销。

⑤G01 直线插补可以实现纵切外圆、横切端面和切削锥面等直线插补运动。

三、程序建立、编辑与自动运行

（一）新建一个 NC 程序

按操作面板上的"编辑"按钮，编辑状态指示灯变亮，此时已进入编辑状态。按 MDI

键盘上的 PROG 键，CRT 界面转入编辑页面。利用 MDI 键盘输入"O××××"（×为程序号，但不可以与已有程序号重复），按 INSERT 键，CRT 界面上显示一个空程序，可以通过 MDI 键盘开始程序输入。输入一段代码后，输入域中的内容显示在 CRT 界面上，用回车换行键结束一行的输入后换行。

（二）选择一个数控程序

按 MDI 键盘上的 PROG 按钮，CRT 界面转入编辑页面。利用 MDI 键盘输入"O××××"（×为数控程序目录中显示的程序号），按 ↓ 按钮开始搜索，搜索到后，"O××××"显示在屏幕首行程序号位置，NC 程序显示在屏幕上。

（三）编辑数控程序

单击操作面板上的"编辑"按钮，编辑状态指示灯变亮，此时已进入编辑状态。按 MDI 键盘上的 PROG 键，CRT 界面转入编辑页面。选定了一个数控程序后，此程序显示在 CRT 界面上，可对数控程序进行编辑操作。

1. 移动光标

按 PAGE 和 PAGE 键翻页，按方位键 ↑ ↓ ← → 移动光标。

2. 插入字符

先将光标移到所需位置，单击 MDI 键盘上的"数字/字母"键，将代码输入到输入域中，按 INSERT 键，把输入域的内容插入到光标所在代码后面。

3. 删除输入域中的数据

按 CAN 键删除输入域中的数据。

4. 删除字符

先将光标移到所需删除字符的位置，按 DELETE 键，删除光标所在的代码。

5. 查找

输入需要搜索的字母或代码；按 ↓ 键开始在当前数控程序中光标所在位置后搜索。代码可以是一个字母或一个完整的代码，例如："N0010""M"等。如果此数控程序中存在所搜索的代码，则光标停留在找到的代码处；如果此数控程序中光标所在位置后没有所搜索的代码，则光标停留在原处。

6. 替换

先将光标移到所需替换字符的位置，将替换的字符通过 MDI 键盘输入到输入域中，按 ALTER 键，用输入域的内容替代光标所在的代码。

（四）程序运行

①将光标置于程序名上，按操作面板上的"自动运行"按钮，使其指示灯变亮。按操作面板上的 Ⅰ 按钮，程序开始执行。

②按操作面板上的"单节"按钮，再按操作面板上的 Ⅰ 按钮，程序开始执行。"自动/

单段"方式执行每一行程序均需按一次 $\boxed{↓}$ 按钮。

注意：按"单节跳过"按钮，则程序运行时跳过符号"/"有效，该行成为注释行，不执行。按"选择性停止"按钮，则程序中 M01 有效。

（五）中断运行

数控程序在运行过程中可根据需要暂停、停止、急停和重新运行。

①数控程序在运行时，按"暂停"按钮，程序停止执行；再按 $\boxed{↓}$ 按钮，程序从暂停位置开始执行。

②数控程序在运行时，按"停止"按钮，程序停止执行；再按 $\boxed{↓}$ 按钮，程序从开头重新执行。

③数控程序在运行时，按下"急停"按钮，数控程序中断运行，需继续运行时，先将"急停"按钮松开，再按 $\boxed{↓}$ 按钮，余下的数控程序从中断行开始作为一个独立的程序执行。

④说明。

a. 可以通过"主轴倍率"旋钮和"进给倍率"旋钮来调节主轴旋转和移动的速度。

b. 按 $\boxed{\text{RESET}}$ 按钮可将程序重置。

四、工件坐标系的建立

（一）工件坐标系含义

工件坐标系是编程时使用的坐标系（编程坐标系），是人为设定的坐标系，程序中的坐标值均以此坐标系为依据。在进行数控程序编制时，必须首先确定工件坐标系和坐标原点。

（二）工件坐标系规定

1. 坐标轴的确定

一般工件坐标系的 X 轴、Z 轴要与机床坐标系的 X 轴、Z 轴平行，且方向一致。

2. 工件原点确定

工件原点也称为工件坐标系原点、程序原点或编程原点，用 W 表示。它是编程时定义在工件上的几何基准点，是人为设定的点，可以设在任意位置。但在实际编程过程中，其设定依据是：既要符合尺寸标注的习惯，又要便于坐标值的计算和编程。

3. 注意

工件坐标系原点的设定要尽量满足编程简单、尺寸换算少和引起的加工误差小等条件，一般设在零件图的设计基准和工艺基准处。数控车床一般将编程原点设在工件的左或右端面。左端面有利于保证工件总长，右端面有利于对刀，如图 1-20 所示。

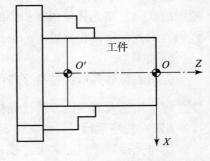

图 1-20　工件坐标系

（三）工件坐标系建立的方法

1. 形状偏置对刀（最常用）

（1）X 方向对刀（见图 1 – 21）

①切削外径：选择操作面板上的"手摇"旋钮，手摇状态指示灯变亮，机床进入手摇操作模式，手摇倍率位于"×100"，使刀架在 Z 轴方向和 X 轴方向移动，将刀架靠近工件。

按操作面板上的 ⬚ 或 ⬚ 按钮，使其指示灯变亮，主轴正向转动。调小进给倍率到"×10"，手摇刀架向 X 方向移动，使刀具切入一定深度（约 1 mm），向 Z 方向走刀切削外圆至一定长度（约 20 mm），然后 X 方向保持不动，使刀具沿 Z 方向退出。

图 1 – 21　切削外圆对刀

②工件测量：按操作面板上的 ⬚ 按钮，使主轴停止转动，测量外径，记为 d。

③按下 MDI 键盘上的 ⬚ 键，CRT 出现如图 1 – 22 所示界面。

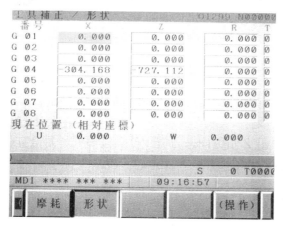

图 1 – 22　参数输入界面

在形状补偿参数设定界面，将光标移到相应的番号位置（一般与刀号一致），输入"Xd"，按"测量"软键，完成 X 方向对刀。

（2）Z 方向对刀（见图 1 – 23）

试切工件端面，刀具原路返回，读出端面在工件坐标系中 Z 的坐标值，记为 β（此处以工件端面中心点为工件坐标系原点，则 β 为 0）。

进入形状补偿参数设定界面，将光标移到相应的位置，输入"Zβ"，按"测量"软键，完成 Z 方向对刀。

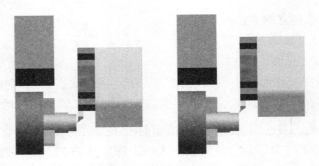

图 1 – 23　形状偏置对刀

通过以上操作将工件坐标系原点建立在工件右端面上。如在程序中使用 T0101，表示调用 1 号刀、1 号刀补。这种方法操作简单、可靠性好，通过刀偏与机械坐标系紧密地联系在一起，只要不断电、不改变刀偏值，工件坐标系就会存在且不会变，即使断电，重启后回参考点，工件坐标系还在原来的位置。

2. 采用工件坐标系原点偏移指令（数控车床一般不用）

使用 G54 ~ G59 指令，可以在机床行程范围内设置 6 个不同的坐标系。

特点：该坐标系一旦设定，若不对其进行修改、删除操作，将永久保存，即使机床关机，其坐标值也将保留。

方法：试切外圆，测量直径 d，并记录 X 方向坐标值为 X_1，沿 Z 向退刀至靠近右端面，切至端面中心，记录此时 Z 向机械坐标为 Z_2（中心机械坐标 $X_2 = X_1 - d$），把当前的坐标值 (X_2, Z_2) 直接输入到 G54 或 G55 等，使用时直接调用 G54 ~ G59 等即可。这种方法适用于批量生产且工件在卡盘上有固定装夹位置的加工。

3. MDI 状态下 G50 设定工件坐标系（见图 1 – 24）

（1）格式：

G50　X__　Z__；

程序中：X__、Z__——当前刀位点与工件坐标系原点的距离，也是刀具出发点的坐标值。

（2）方法

试切工件外圆，刀具沿 Z 负方向退刀至工件右端面处，测量直径 d，并记录 X 方向机床坐标值为 X_1，刀具沿 X 负方向进刀至工件中心，机床坐标值为 $(X_1 - d)$，刀具保持不动，

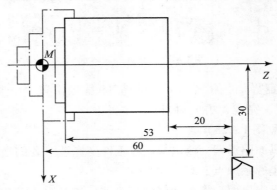

图 1 – 24　G50 建立工件坐标系

在 MDI 状态下，运行程序"G50 X0 Z0"，此时刀尖所在位置即为建立临时工件坐标系原点。

（3）说明

①对刀后必须将刀具移动到 G50 设定的位置才能进行加工，对刀点即程序起点。

②该指令建立的坐标系不具有记忆功能，机床关机后将取消。

③坐标原点位置是根据刀具当前位置与 G50 后坐标值反推得出的，见表 1-7。

表 1-7　工件坐标系的三种设置方法的指令及参数表

Z 坐标原点设置	设在工件左端面	设在工件右端面	设在机床原点
程序	G50 X60. Z53.	G50 X60. Z20.	G50 X60. Z60.
刀尖与原点的距离	$X=60$，$Z=53$	$X=60$，$Z=20$	$X=60$，$Z=60$

五、数控车削加工中的几个特殊点

（一）机床原点

在数控车床上，机床原点一般取在卡盘端面与主轴中心线的交点处，如图 1-25 所示。

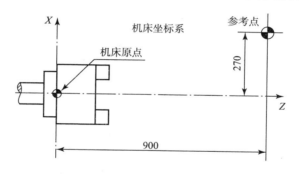

图 1-25　机床原点及参考点

（二）机床参考点

机床参考点是各坐标轴的极限点，是数控机床零点。机床原点与参考点可能重合。

（三）工件坐标系原点（编程原点）

工件坐标系编程原点如图 1-26 所示。

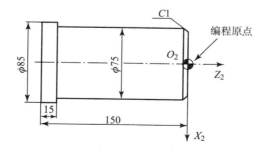

图 1-26　编程原点

（四）刀位点

编制加工程序时用来表示刀具位置的坐标点，一般为刀具上的一个点。一般尖刀是指刀尖，圆形刀是指圆心，如图 1 – 27 所示。

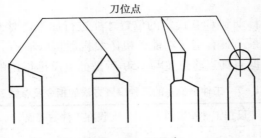

图 1 – 27　刀位点

（五）对刀点

确定刀具与工件相对位置的点，是确定工件坐标系和机床坐标系关系的点，是刀具相对于工件运动的起点。加工程序是从这一点开始的，如图 1 – 28 所示 A 点。

（六）对刀参考点（刀具基准点）

用来表示刀架或刀盘在机床坐标系中的位置，即 CRT 上显示的坐标值表示的点，也称刀架中心，如图 1 – 28 所示 B 点。

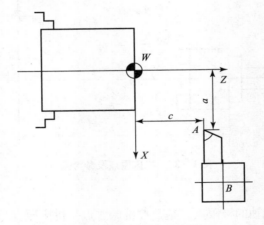

图 1 – 28　对刀点示意图

（七）换刀点

数控程序中指定用于换刀位置的点。根据实际需要设定该点位置，保证换刀安全。

职业能力训练

🔄 训练目标

①能够试切工件，对刀建立工件坐标系，并能进行验证；

②能够输入及运行程序，并能对程序进行编辑处理；

③能够对程序进行检验。

训练条件

①安装宇龙数控仿真软件的电脑；

②CK6136数控车床；90°外圆车刀；φ35 mm×70 mm毛坯；0～150 mm游标卡尺。

工作流程

分析加工任务——确定工艺方案——相关知识学习——程序编制及仿真训练——设备、毛坯、量具准备——教师现场讲授程序的编辑、校验及运行——学生实际操作训练——检查、评价。

实施步骤

①图样分析，确定工艺方案，作出加工计划；

②相关知识讲授，学生编制加工程序；

③数控车床仿真训练；

④教师操作数控车床讲授工件坐标系的建立及程序的输入、检验及自动运行；

⑤学生分组操作机床完成零件加工及测量。

注意事项

①在程序运行前要确认所建工件坐标系是否正确，以保证运行安全；

②程序运行时，关闭安全门，手放在"急停"按钮上，观察刀具运行情况，随时按下，确保安全。

任务三　精度阶梯轴数控车削加工

任务描述

如图1-29所示零件，要求学生能编制程序完成加工，并保证零件尺寸精度。通过该零件的加工，学生能正确划分粗、精加工阶段及合理选择粗、精车削用量和合适的刀具，能够

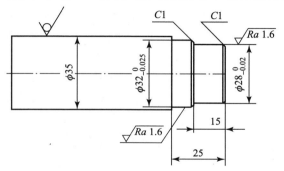

图1-29　精度阶梯轴图纸

使用千分尺测量工件，并能通过磨耗补正的方法保证零件精度。

知识准备

一、工艺分析

（一）加工阶段的划分

当零件的加工精度要求较高时，往往不可能用一道工序完成要求，为保证加工质量以及合理地利用设备、人力，零件的加工过程通常按工序性质不同分为粗加工、半精加工、精加工和光整加工。

1. 粗加工

切除大部分多余金属，提高切削效率。

2. 半精加工

达到一定的精度要求，并保证留有一定的加工余量，为主要表面的精加工做准备。

3. 精加工

主要任务是保证零件各主要表面达到图纸规定的技术要求。

4. 光整加工

主要任务是减少表面粗糙度或进一步提高尺寸精度和形状精度。

（二）切削用量的选择

切削用量包括主轴转速、背吃刀量和进给速度三部分，数控加工编制程序时，必须首先确定每道工序的切削用量，并以指令的形式写入程序中。对于不同的加工阶段，需要选择不同的切削用量。

1. 选用总原则

①粗加工要考虑刀具与机床的性能来选择切削用量，保证合理的刀具寿命，最大限度地提高效率，降低成本。

②精加工主要考虑零件的加工精度与表面质量。

2. 三要素的关系

粗加工时选择尽可能大的吃刀量、大的进给量和中等切削速度；

精加工时选择较小的吃刀量、进给量和较高的切削速度。

（1）背吃刀量 a_p 的确定

背吃刀量根据机床、刀具和工件的刚度来确定，在工艺系统刚度允许的情况下，应尽可能使背吃刀量等于工件的加工余量，这样可以减少走刀次数，提高生产效率。

一般粗加工背吃刀量可选择 5~8 mm；

半精加工（$Ra = 1.25 \sim 10.00$ μm）时，可取 0.5~2.0 mm；

精加工（$Ra = 0.32 \sim 1.25$ μm）时，可取 0.2~0.5 mm。

（2）进给速度 F 的确定

主要根据零件的加工精度和表面粗糙度要求，以及刀具、工件的材料性质选取。

①当工件的质量要求能够得到保证时，为提高生产效率，可选择较高的进给速度，一般在 100~200 mm/min 范围内选取。

②在切断、加工深孔或用高速钢刀具加工时，选择较低的进给速度，一般在 20～50 mm/min 范围内选取。

③当加工精度、表面粗糙度要求高时，进给速度应选小些，一般在 20～50 mm/min 范围内选取。

④进给速度与进给量之间的关系由下列公式确定：

$$F = nf$$

式中：F——进给速度，mm/min；

n——工件的转速，r/min；

f——进给量，mm/r。

一般经验数据：

粗车时，$f = 0.3～0.8$ mm/r；

精车时，$f = 0.1～0.3$ mm/r；

切断时，$f = 0.05～0.20$ mm/r。

（3）主轴转速 n 的确定

根据机床和刀具允许的切削速度来确定，主要考虑刀具的寿命。

$$n = 1\ 000\ v_c/\pi d$$

式中：n——主轴转速，r/min（FANUC 数控系统默认 G97 指令）；

v_c——切削点线速度，m/min；

d——切削点直径，mm。

一般经验参考数据：粗加工主轴转速为 600～800 r/min；精加工主轴转速为 800～1 000 r/min；车螺纹主轴转速为 400～500 r/min；切断主轴转速为 300～350 r/min

注意：实际加工时要根据加工零件材质、尺寸以及加工条件进行合理选择，并根据加工质量要求及时调整。

（4）切削用量的选择

硬质合金刀具切削不同材质零件时，切削用量的选择见表 1-8。

表 1-8　加工不同材质零件切削用量选择参考表

刀具材料	工件材料	粗加工			精加工		
		切削速度 /(m·min⁻¹)	进给量 /(mm·r⁻¹)	背吃刀量 /mm	切削速度 /(m·min⁻¹)	进给量 /(mm·r⁻¹)	背吃刀量 /mm
硬质合金或涂层硬质合金	碳钢	220	0.2	3	260	0.1	0.4
	低合金钢	180	0.2	3	220	0.1	0.4
	高合金钢	120	0.2	3	160	0.1	0.4
	铸铁	80	0.2	3	140	0.1	0.4
	不锈钢	80	0.2	2	120	0.1	0.4
	钛合金	40	0.2	1.5	60	0.1	0.4
	灰铸铁	120	0.3	2	150	0.15	0.5
	球墨铸铁	100	0.3	2	120	0.15	0.5
	铝合金	160	0.2	1.5	160	0.1	0.5

二、数控车削刀具的选择

（一）数控刀具的材料

如图 1-30 所示，理想的刀具材料既要有较高的硬度，又要有较好的韧性。现在最常用的刀具材料是硬质合金。

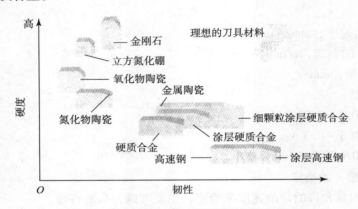

图 1-30　不同刀具材料硬度与韧性比较

（二）常用数控车刀的刀具参数

如图 1-31 所示，刀具几何角度不但会影响到刀具的强度以及使用寿命，还直接影响着零件的加工质量，常用硬质合金数控车刀切削碳素钢材料时，刀具角度参数推荐值见表 1-9。

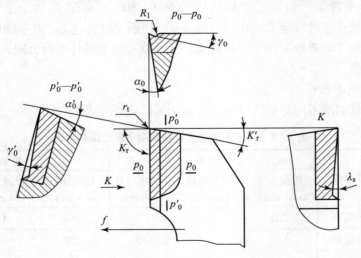

图 1-31　刀具几何角度

（三）数控车削刀具的选择

数控车床车削零件，粗车时，要选强度高、耐用度好的刀具，以便满足粗车时大背吃刀量、大进给量的要求；精车时，要选精度高、耐用度好的刀具，以保证加工精度的要求。

此外，为减少换刀时间和方便对刀，应尽可能采用机夹刀和机夹刀片。刀片夹紧方式的选择要合理，且最好选用涂层硬质合金刀片。目前，数控车床用得最普遍的是硬质合金刀和高速钢刀两种。

表 1-9　常用硬质合金数控车车刀切削碳素钢角度参数推荐值

刀具角度	前角 $\gamma_0/(°)$	后角 $\alpha_0/(°)$	副后角 $\alpha_0'/(°)$	主偏角 $K_r/(°)$	副偏角 $K_r'/(°)$	刃倾角 $\lambda_s/(°)$	刀尖半径 r/mm
外圆粗车刀	0~10	6~8	1~3	75 左右	6~8	0~3	0.5~1.0
外圆精车刀	15~30	6~8	1~3	90~93	2~6	3~8	0.1~0.3
外切槽刀	15~20	6~8	1~3	90	1~1.5	0	0.1~0.3
螺纹车刀	0	4~6	2~3	—	—	0	0.12P
通孔车刀	15~20	8~10	磨出双重后角	60~75	15~30	-6~-8	1~2
盲孔车刀	15~20	8~10		90~93	6~8	0~2	0.5~1.0

三、手工程序编制中的数值计算

根据零件的加工要求，计算出机床数控系统所需输入的数据。这是数控加工的一个突出特点，确定编程尺寸实际上就是对零件图进行数学处理，计算零件图形各点在工件坐标系中的坐标值。

（一）基点与节点概念

1. 基点

如图 1-32 所示，零件的轮廓一般由直线、圆弧或其他曲线等几何元素组成，通常构成零件的各几何元素间的交点或切点称为基点。

2. 节点

如图 1-33 所示，用连续直线段或圆弧段来逼近轮廓曲线，这些逼近线段的交点或切点称为节点。

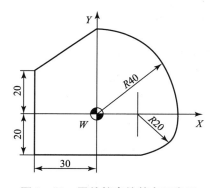

图 1-32　零件轮廓的基点示意图

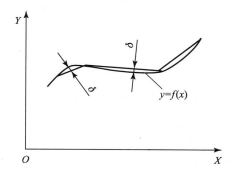

图 1-33　零件轮廓的节点示意图

（二）计算方法

1. 直接计算

直接计算是指通过图样上的标注尺寸直接获得编程尺寸。

如图 1-34 所示，对于所有精度尺寸，需要根据两极限尺寸将其转换为中值尺寸后，再对图纸尺寸进行简单的加减得到各基点的坐标值。

中值尺寸计算公式：

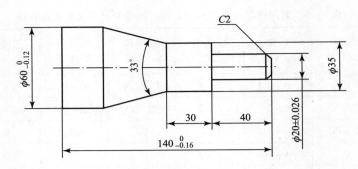

图 1 - 34 零件图

$$中值 = 基本尺寸 d + (上偏差 + 下偏差)/2$$

如 $\phi 50^{+0.025}_{0}$ 尺寸，中值 $d = 50 + 0.025/2 = 50.012\,5$（mm）。

2. 间接计算

间接计算是指通过绘图、三角函数计算等方式获得编程尺寸。

如图 1 - 35 所示手柄零件图，加工表面由半径不同的几段圆弧组成，各基点的坐标不能直接获得，但可通过绘制 CAD 图后获得。

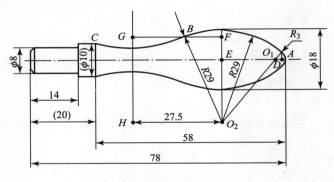

图 1 - 35 手柄零件图

四、千分尺的使用以及磨耗补偿方法

（一）千分尺的基本知识

1. 常用外径千分尺测量范围

常用外径千分尺按测量范围不同可分为 0 ~ 25 mm、25 ~ 50 mm、50 ~ 75 mm、75 ~ 100 mm 四种。

2. 外径千分尺的组成

如图 1 - 36 所示，外径千分尺由尺架 1、固定测头 2、测微螺杆 3、锁紧装置 4、微分筒 5 和测力装置 6 组成。

3. 外径千分尺的使用（见图 1 - 37）

在使用外径千分尺进行测量前，必须先检查并校对零位。如果零位不准确，可用专用扳手转动固定套管。当零位偏离较大时，可松开紧固螺钉，使测微螺杆与微分筒转动，再转动微分筒，对准零位。若不方便调整，可将该不重合误差作为系统误差，在测量结果中消除。

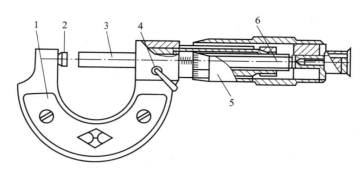

图1－36　千分尺

1—尺架；2—固定测头；3—测微螺杆；4—锁紧装置；5—微分筒；6—测力装置

4. 外径千分尺的读数

①先读出微分筒左边固定套筒中刻线整数与半毫米数值；

②接着读出微分筒上与固定套管上基线对齐刻线的小数值；

③将两次所读整数和小数相加，即为被测零件的尺寸。

如图1－38所示尺寸读数：使用25～50 mm的外径千分尺，固定套筒上的刻线读数值为32.5 mm，微分筒上的刻线读数值为0.35 mm，实际测量值为32.5 mm＋0.35 mm＝32.85 mm。

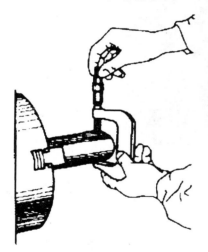

图1－37　在车床上测量工件外圆方法

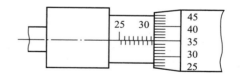

图1－38　千分尺正确读数

5. 外径千分尺使用注意事项

①精度匹配；

②校对零位；

③测量力要均匀；

④读数时要锁紧，以避免产生测量误差；

⑤测量杆垂直测量表面；

⑥读数要细心，尤其要分清整数部分和0.5 mm刻线；

⑦不能将其当卡规用。

6. 外径千分尺的维护保养

①千分尺要轻拿轻放，不要摔碰。如受到撞击，应立即检查，必要时送计量部门检修。

②不能用千分尺测量零件的粗糙表面和正在旋转的零件。

③千分尺应保持清洁。测量完毕，用软布或棉纱等擦干净，放入盒中。长期不用应涂防锈油。禁止两个测量面贴合在一起，以免锈蚀。

④大型千分尺应平放在盒中，以免发生变形。

⑤禁止用砂布和金刚砂擦拭测微螺杆上的污锈。

⑥禁止在千分尺的微分筒和固定套管之间加酒精、煤油、柴油、凡士林和普通机油等；禁止把千分尺浸泡在上述油类及酒精中。

（二）磨耗补偿

用25~50 mm千分尺测量工件的外径尺寸，若有误差，则采用刀具磨耗补偿修正。若用T0101刀具加工工件外圆，要求尺寸为ϕ40 mm，加工后实测尺寸为ϕ40.15 mm，尺寸偏大了0.15 mm。此时，在MDI键盘上按"OFFSET"键，进入磨耗补偿参数设定界面，如图1-39所示，将光标移动到01刀补"X"处，输入"-0.15"，重新运行程序可修正。

工具补正/摩耗		O		N	
番号	X	Z		R	T
01	0.000	0.000		0.000	0
02	0.000	0.000		0.000	0
03	0.000	0.000		0.000	0
04	0.000	0.000		0.000	0
05	0.000	0.000		0.000	0
06	0.000	0.000		0.000	0
07	0.000	0.000		0.000	0
08	0.000	0.000		0.000	0

现在位置（相对座标）
U   -114.567   W   89.550
)   S 0   T
JOG **** *** ***

图1-39 磨耗参数输入界面

五、示例编程

如图1-40所示零件，编制加工程序。

尺寸中值计算：

$$40 + (-0.01) = 39.99$$

将工件坐标系建立在工件右端面和主轴轴线交点上。

计算各基点的坐标：

$A(X37.99，Z0)$；$B(X39.99，Z-1)$；$C(X39.99，Z-40)$；$D(X50，Z-40)$

参考程序：

O0002;   程序号

G99 G40 G21;   安全初始化

T0101;   调用1号粗车刀1号刀补

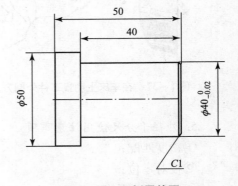

图1-40 示例零件图

M03 S800;	主轴正转
G00 X100.Z100.;	换刀点
Z2.;	
X46.;	切削起点
G01 Z-40.F0.3;	粗车外圆第一刀
X52.;	退刀
G00 Z2.;	
X42.;	切削起点
G01 Z-40.F0.3;	粗车外圆第二刀
X52.;	退刀
G00 Z2.;	
X40.5;	切削起点
G01 Z-40.F0.3;	粗车外圆第三刀,留精加工余量0.5 mm
X52.;	退刀
G00 X100.Z100.;	回换刀点
T0202;	调用2号精车刀2号刀补
M03 S1000;	转速提高
G00 Z2;	
X37.99;	
G01 Z0.F0.15;	精加工起点 A
X39.99 Z-1.;	倒角 C1
Z-40.;	精车外圆 C
X52.;	退刀
G00 X100.Z100.;	回换刀点
M30;	程序结束

职业能力训练

训练目标

①能够通过多把刀对刀建立工件坐标系；
②能够用磨耗补正的方法保证零件尺寸精度；
③能够正确使用千分尺测量工件。

训练条件

①安装宇龙数控仿真软件的电脑；
②CK6136数控车床；90°外圆车刀；ϕ35 mm×70 mm毛坯；0~150 mm游标卡尺；25~50 mm外径千分尺。

工作流程

分析加工任务——确定工艺方案——相关知识学习——程序编制及仿真训练——设备、毛坯、量具准备——教师现场讲授磨耗参数补偿的方法——学生实际操作训练——检查、评价。

实施步骤

①图样分析，确定工艺方案，做出加工计划；
②相关知识讲授，学生编制加工程序；
③数控车床仿真训练；
④教师现场演示多把刀对刀建立工件坐标系的方法；
⑤教师现场演示利用磨耗补偿参数保证尺寸精度的方法；
⑥学生分组操作机床加工、测量以及利用补偿保证尺寸精度。

注意事项

①两把刀安装时要注意安装的位置，一般对角安装；
②为预防首件因对刀误差使加工尺寸超出最小极限值尺寸而出现废品，一般加工前，在磨耗 X 参数中输入0.8；
③零件加工完后，不要卸下，要立即测量尺寸，分析误差产生的原因及大小，进行磨耗补偿。
④对于同样的程序，分析数控仿真加工与实际机床加工产生误差的原因。

同步思考题

1.1 对刀的目的是什么？

1.2 编程时为什么要确定工件坐标系？工件坐标系与机床坐标系有何关系？

1.3 开机为什么要回参考点？什么情况下应进行回参考点的操作？

1.4 为什么要进行刀具几何补偿与磨损补偿？

1.5 什么是模态指令？什么是非模态指令？各自对编程有什么影响？

1.6 数控机床的工作原理是什么？

1.7 数控机床由哪几部分组成？

1.8 简述数控车削加工的特点及应用。

1.9 G00、G01指令的应用有什么不同？

1.10 如何确定编程原点？编程原点一般设置在什么位置？

1.11 什么叫基点？什么叫节点？它们在零件轮廓上的数目如何确定？

1.12 对数控加工工艺分析的目的是什么？包括哪些内容？

1.13 为什么加工过程中要划分粗、精加工阶段？

1.14 数控车床对刀具有哪些性能要求？对刀具材料性能有哪些要求？

1.15 简述S代码、T代码、F代码和M代码的功能。

项目二 圆弧锥轴类零件数控车削加工

知识目标

①掌握圆锥锥度与圆锥各尺寸之间的计算公式；
②掌握 G90、G94、G02、G03 的指令格式及应用；
③掌握 G96 恒线速度及 G50 最高限速指令的应用；
④掌握 G40、G41、G42 的指令格式及应用；
⑤了解圆锥以及圆弧分层切削走刀路线的种类及特点。

能力目标

①能够正确计算圆锥各部分尺寸；
②能够使用 G90、G02、G03 指令及逗号编程方式编制数控加工程序；
③能够操作数控车床完成零件的加工；
④能够正确使用游标万能角度尺测量角度。

引导案例

图 2-1 所示为圆锥轴类零件，其具有定位精度高、便于拆装等优点，在生产中有广泛的应用。在这里我们通过完成几个任务，主要掌握圆锥轴类零件数控车削加工的特点以及 G90 固定循环指令编程的基本规范。

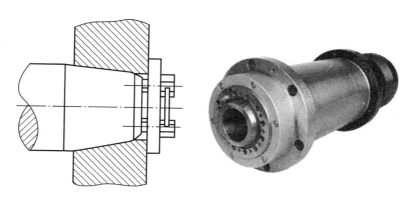

图 2-1 圆锥轴

任务一　圆锥轴零件数控车削加工

任务描述

图 2-2 所示为一圆锥轴类零件，要求学生在数控车床上对其进行编程加工。通过对该零件的加工，能够掌握圆锥尺寸计算及圆弧分层切削的加工路线，掌握 G90、G96、G50 新指令以及逗号编程的规范，并分析比较数控车床与普通车床加工圆锥的不同特点。

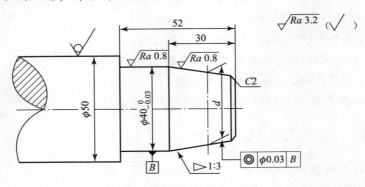

图 2-2　圆锥轴类零件

知识准备

一、工艺方案的确定

（一）圆锥的主要参数计算

如图 2-3 所示的圆锥体零件，圆锥主要参数包括大径、小径、长度、锥度、锥角以及斜度。

锥度 $C = (D - d)/L$；

斜度 $= (D - d)/2L$；

锥角：$\tan(\alpha/2) = (D - d)/2L$。

式中：D——锥大端直径；

　　　d——锥小端直径；

　　　L——锥长度；

　　　α——圆锥角。

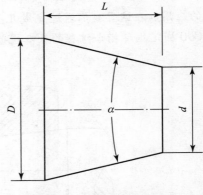

图 2-3　圆锥各部分尺寸图

（二）加工路线的确定

1. 定义

加工路线就是刀具相对于工件的运动轨迹及方向。

2. 组成及确定原则

加工路线包括：切削加工路径、刀具引入和返回等非切削空行程。

说明：为保证工件轮廓表面加工后的表面粗糙度要求，轮廓应安排在最后一次走刀中连续精加工出来，因此确定进给路线一般指粗加工路线。

数控车床进给路线的选择原则：保证尺寸精度及表面质量，计算简单，切削路线尽量短，切削效率高。

（1）粗加工路线的确定

如图2-4所示，对于大加工余量工件，通常有以下几种粗车进给路线。

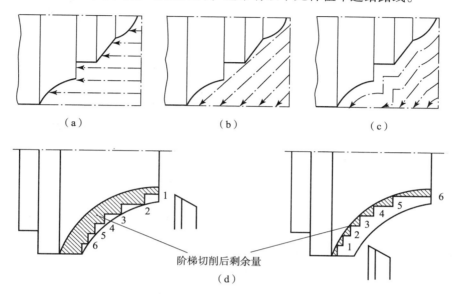

图2-4　粗车进给路线

（a）矩形循环进给路线：切削路线最短，刀具损耗最小；（b）三角形循环进给路线；

（c）沿工件轮廓循环进给路线；（d）阶梯形切削路线

（2）精加工进给路线的确定

①各部位精度要求一致的进给路线。

在最后一次走刀进行精加工时要连续，尽量不要在光滑的平面上安排切入、切出或换刀停顿，以免产生表面划伤、形状突变或滞留刀痕迹。

②各部位精度要求不一致的进给路线。

各部位的精度要求相差不大时要以精度高的部位为基准，连续加工所有部位；当各部位精度相差很大时，将精度相近的部位安排在同一进给路线。

③切入、切出及接刀点位置的选择。

应选在工件上有退刀槽或表面间有拐点、拐角的位置。

3. 圆锥粗加工走刀路线

在数控车床上车削圆锥有两种进给方式：平行法和终点法。

（1）平行车削法（见图2-5）

特点：切削过程中背吃刀量不变，每次切削锥度不变，此加工路线刀具的切削路线较短，但需计算每次切削终点的 S 值。

若切削背吃刀量为 a_p，则存在 $a_p/S = (D-d)/2L$，推出：

$$S = 2L \times a_p/(D-d)$$

（2）终点车削法（见图 2 - 6）

特点：切削终点坐标不变，编程简单，但背吃刀量随时发生变化，影响加工精度及表面质量，且刀具切削路线较长。

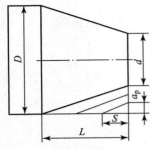

图 2 - 5　平行法粗车进给路线

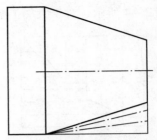

图 2 - 6　终点法粗车进给路线

二、指令学习

（一）固定循环程序指令

对加工余量较大的表面需多次进行加工，为减少程序段的数量、缩短编程时间、减少程序所占的内存，可采用循环编程。

固定循环指令可以把一系列连续加工动作，如"切入—切削—退刀—返回"，用一个固定循环指令完成。

1. 外径/内径切削单一固定循环（G90）

（1）圆柱面切削循环

①格式：

G90 X(U)___ Z(W)___ F___;

程序中：X___,Z___——切削终点的绝对坐标；

U___,W___——切削终点相对于循环点 A 的增量坐标；

F___——进给速度，可以沿用程序前已有 F 指令值，也可沿用到后续程序中。

说明：点 A 既是刀具循环起点又是循环终点，A 点一般选在离开毛坯表面 1 ~ 2 mm 处。刀具走刀路线为矩形，如图 2 - 7 所示。

②示例解读。

如图 2 - 8 所示，毛坯直径为 $\phi50$ mm、切削直径为 $\phi46$ mm、长度为 30 mm 的台阶，建立如图 2 - 8 所示坐标系，确定循环点 $A(X52, Z2)$、切削终点 $B(X46, Z-30)$。

程序如下：

O0001;

...

G00 X52 Z2;

G90 X46 Z - 30 F0.3;

说明：刀具沿 X 负方向，以 G00 的速度由 A 点快速到 B 点的 X 坐标；沿 Z 负方向，以 F0.3 的进给速度切削至终点 B；沿 X 正方向，退刀至循环点 A 点 X 坐标；沿 Z 正方向，以 G00 速度快速返回至循环点 A。完成一次切削循环。

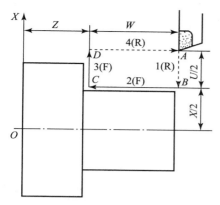

图 2 - 7　G90 圆柱固定循环走刀路线

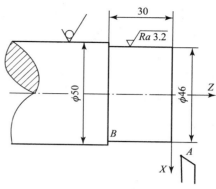

图 2 - 8　G90 圆柱固定循环走刀路线

（2）圆锥面切削循环

①格式：

G90 X(U)__ Z(W)__ R__ F__ ;

程序中：X__ ，Z__ ——切削终点的绝对坐标；

U__ ，W__ ——切削终点相对于循环点 A 的增量坐标；

F__ ——进给速度，可以沿用程序前已有 F 指令值，也可沿用到后续程序中；

R__ ——圆锥切削起点相对于切削终点 X 坐标的半径差，有正负之分，即：$R =$（起点 X 坐标 - 终点 X 坐标）/2。

刀具走刀路线为梯形，如图 2 - 9 所示。

②R 值大小计算方法。

如图 2 - 10 所示，A 点为循环点，B 点为圆锥切削终点，C 点为圆锥切削起点，R 值如图 2 - 10 所示，根据三角形几何关系：

圆锥锥度 $= R/(L + Z)$ ；

圆锥斜度 $= C/2 = (D - d)/2L$ ；

推导出：$R = (L + Z)(D - d)/2L$ ；

又因切削起点 C 的 X 坐标小于切削终点 B 的 X 坐标，所以 R 取负值。

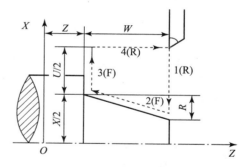

图 2 - 9　G90 圆锥固定循环走刀路线

③示例解读。

如图 2 - 11 所示圆锥，大端直径 $D = \phi 40$ mm，小端直径 $d = \phi 30$ mm，长度 $L = 15$ mm。若循环点坐标为（X42，Z3），切削终点坐标为（X40，Z - 15）。

$$R = (L + Z)(D - d)/2L = (15 + 3) \times (40 - 30)/(2 \times 15) = 6 \text{（mm）}$$

示例程序单：

O0001;

...

G00 X42 Z3;

G90 X40 Z - 15 R - 6 F0.3;

...

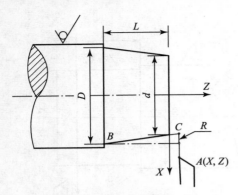

图 2 - 10 *R* 值计算

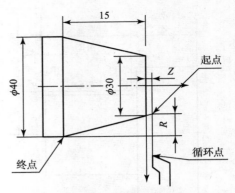

图 2 - 11 圆锥编程实例

④思考。

a. 圆锥起点的坐标是多少？

b. 圆锥大小端直径差较大时，需要分层切削，*R* 值应如何分配？

2. G94 端面切削固定循环指令

（1）平端面切削固定循环指令

格式：

G94 X(U)__ Z(W)__ F__;

说明：X(U)__ Z(W)__ F__含义同 G90。

走刀路线为矩形，如图 2 - 12 所示。

注意：

①端面车削刀具的结构与安装方式；

②端面切削时，切削半径不断发生变化，进给量应略小，以减小刀具的振动。

（2）锥端面切削循环指令

格式：

G94 X(U)__ Z(W) R__ F__;

程序中：R__——切削段起点相对于终点在 *Z* 方向上坐标值之差，通常为负值。

走刀路线为梯形，如图 2 - 13 所示。

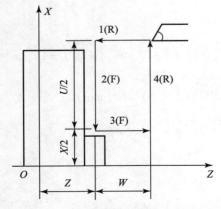

图 2 - 12 G94 平端面固定循环走刀路线

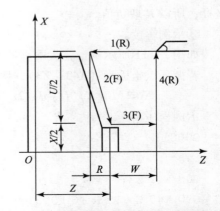

图 2 - 13 G94 锥端面固定循环走刀路线

3. G90、G94 指令使用注意事项

应根据零件的加工轮廓及尺寸选取 G90 和 G94 指令。如图 2-14 所示，对于轴向尺寸较大的工件采用 G90 指令，如图 2-14（a）和图 2-14（b）所示；对于径向尺寸较大的工件采用 G94 指令，如图 2-14（c）和图 2-14（d）所示。

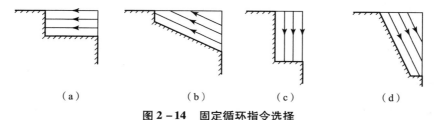

（a）　　　　　　（b）　　　　　　（c）　　　　　　（d）

图 2-14　固定循环指令选择

（二）逗号编程指令

格式：

G01 X__ Z__,C(R)__ F__;

程序中：X__,Z__——两条直线交点的坐标，如图 2-15 所示，即直线 12 与直线 23 交点 2 的坐标；

C__——倒角的大小；

R__——倒圆的半径。

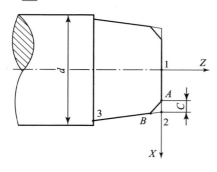 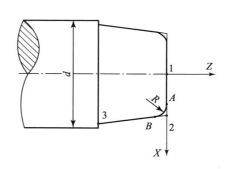

图 2-15　逗号编程图示

参考程序：

O00001;

...

G01 X__ Z__;　　　　刀具到 1 点坐标

X__ Z__,C(R)__ F__;　刀具到交点 2 点坐标

X__ Z__;　　　　　　刀具到 3 点坐标

注意：1 点必须在点 A 的外面，即 2A < 21；3 点必须在点 B 的外面，即 2B < 23。否则系统报警，程序不能运行。

（三）恒线速指令

如图 2-16 所示，在主轴转速 n 不变的情况下，刀具所切削的工件直径发生变化，则对应切削点的线速度

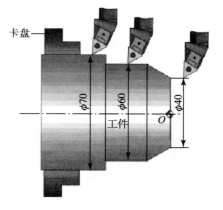

图 2-16　车削线速度与直径关系图

发生变化，因此切削锥面或圆弧面等表面时，为提高工件表面质量，应采用 G96 恒线速度切削，同时配用 G50 限定最高转速，以保证机床运转安全。

线速度与主轴转速的关系：

$$n = 1\,000\,v_c/\pi d$$

式中，n——主轴转速，r/min（FANUC 数控系统用 G97 指令默认）；

v_c——切削点线速度，m/min；

d——切削点直径，mm。

三、圆锥测量

1. 游标万能角度尺测量

一般用游标卡尺或外径千分尺测量圆锥的直径，用游标万能角度尺测量工件斜角或锥角。游标万能角度尺的使用方法如图 2-17 所示。

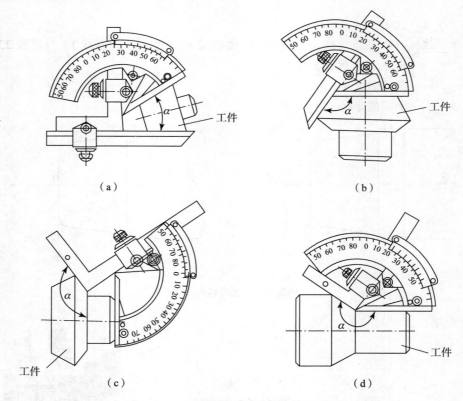

（a）   （b）

（c）   （d）

图 2-17　游标万能角度尺的使用方法

2. 用量规检验锥度

圆锥量规用于综合判断圆锥的锥度及其直径尺寸是否合格。如用圆锥环规测量外圆锥，如图 2-18（b）所示，在外圆锥面上涂上章丹油后，与环规内锥面对研，若圆锥表面接触均匀，则判定圆锥锥度合格；若此时外圆锥小端在环规 Z 尺寸范围内，则判定圆锥直径尺寸合格。

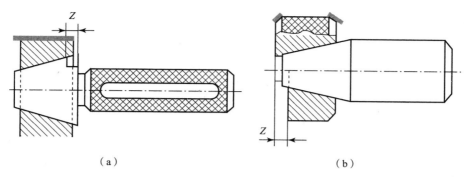

（a）　　　　　　　　　　　　　（b）

图 2 – 18　锥度量规的使用

（a）塞规测量内圆锥；（b）环规测量外圆锥

3. 正弦规测量圆规

如图 2 – 19 所示正弦规，是利用正弦原理测量角度的一种计量器具。它具有结构简单、使用方便及测量精度高的特点。一般来说，正弦规适用于测量精度较高且角度小于 40°的外圆锥。

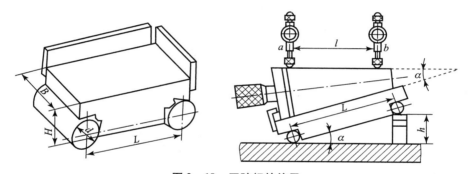

图 2 – 19　正弦规的使用

根据正弦定理：

$$\sin\alpha = h/L$$

式中：α——被测圆锥的锥角；

　　　h——量块组高度；

　　　L——正弦规两圆柱的中心距，一般 $L = 100$ mm 或 200 mm。

测量原理：

①首先根据被测圆锥理论锥度 α，计算所垫量块组的高度 h；

②若 a、b 两点的度数差为 0，则表示所测圆锥实际角度等于圆锥要求理论角度，判定所测圆锥合格。

③若 a、b 两点的度数差为 n，a、b 两点的距离为 l，则锥度偏差为 Δc，即

$$\Delta c = n/l$$

对应圆锥角度偏差

$$\Delta\alpha = 2\Delta c \times 10^5，\text{单位为}（''）$$

被测圆锥实际圆锥角

$$\alpha_{实际} = \alpha \pm \Delta\alpha$$

当用百分表在锥体大端 a 点测得的度数大于小端 b 点的度数时，取" + "号，反之取

"﹣"号。

四、示例编程

如图 2﹣20 所示圆锥零件，编制加工程序。选用粗车刀 T0101、精车刀 T0303。

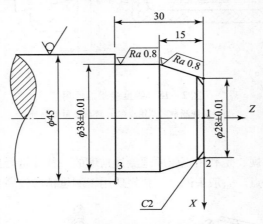

图 2﹣20　圆锥编程示例图

参考程序：

O0001；	程序号
G99 G97 G40 G21；	安全初始化
T0101；	调用粗车刀及刀补
M03 S800；	主轴旋转
G00 X100. Z100.；	换刀点
G00 X48. Z2.；	粗车圆柱循环点
G90 X41. Z﹣45. F0.3；	粗加工圆柱第一刀
X38.5；	粗加工圆柱第二刀
G00 X42. Z3.	粗车锥循环点
G90 X38.5 Z﹣15. R﹣2. F0.3；	粗车锥第一刀
R﹣4.；	粗车锥第二刀
R﹣6.；	粗车锥第三刀
G00 X100. Z100.；	换刀点
T0303；	换精车刀及刀补
G96 S150；	恒线速度
G50 S1000；	最高限速
G00 Z2；	迅速靠近工件
X0.；	1 点 X 坐标
G01 Z0. F0.3；	1 点 Z 坐标
X28,C2. F0.15；	2 点坐标
X38 Z﹣15；	3 点坐标
Z﹣30.；	精加工圆柱

X52.;	退刀
G97 S800;	取消恒线速度
G00 X100. Z100.;	换刀点
M30;	程序结束

职业能力训练

训练目标

①能够计算圆锥尺寸，确定圆锥分层加工路线；
②能够用 G90 及逗号编程指令完成任务编程；
③能够正确使用游标万能角度尺测量圆锥锥度。

训练条件

①安装宇龙数控仿真软件的电脑；
②CK6136 数控车床；90° 外圆车刀；φ50 mm × 70 mm 毛坯；0 ~ 150 mm 游标卡尺；25 ~ 50 mm 外径千分尺；0° ~ 320° 游标万能角度尺。

工作流程

分析零件图纸——确定工艺方案——相关知识学习及仿真训练——设备、毛坯、量具准备——教师现场讲授游标万能角度尺的使用方法——学生实际操作训练——检查、评价。

实施步骤

①图样分析，确定工艺方案，做出加工计划；
②相关知识讲授，学生编制加工程序；
③数控车床仿真训练；
④教师现场讲授万能游标角度尺的使用；
⑤学生分组操作机床完成零件加工及测量。

注意事项

使用恒线速度指令 G96 时，必须配用最高转速指令 G50。

任务二　小圆弧轴零件数控车削加工

任务描述

如图 2 - 21 所示一圆弧轴零件，要求学生用数控程序自动运行完成零件加工。通过该零件的加工，能够掌握 G02、G03 编程指令的意义及基本规范；能够编制数控加工程序并完成零件加工；能掌握圆弧测量工具——R 规的使用。

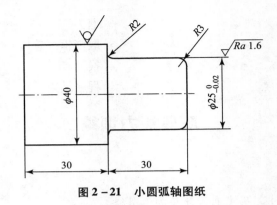

图 2 – 21　小圆弧轴图纸

知识准备

一、圆弧插补指令

（一）G02 为顺时针圆弧插补指令

格式：

　　G02 X__ Z__ I__ K__ F__；

或　G02 X__ Z__ R__ F__；

（二）G03 为逆时针圆弧插补指令

格式：

　　G03 X__ Z__ I__ K__ F__；

或　G03 X__ Z__ R__ F__；

功能：该指令使刀具刀尖从圆弧起点沿圆弧移动到圆弧终点完成切削。

说明：

①X__、Z__——圆弧终点位置坐标，也可使用增量坐标"U__""W__"。

②I__、K__——圆心相对于圆弧起点在 X、Z 轴方向上的增量，如图 2 – 22 所示。

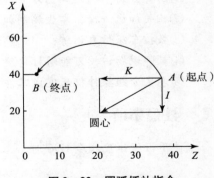

图 2 – 22　圆弧插补指令

I、K 的方向是从圆弧起点指向圆心的，其正负取决于该方向与坐标轴方向是否相同，相同为正，相反为负。注意：I 值为半径值。

③优先使用半径 R 方式编程。

④用半径 R 指定圆心位置不能描述整圆，整圆必须用 I、K 方式指定圆心位置来编程。

（三）顺时针、逆时针判断

如图 2 – 23 所示，无论是前置刀架还是后置刀架，从圆弧所在平面（XOZ）的第三轴（Y 轴）正方向向负方向看，顺时针为 G02，逆时针为 G03。

技巧：若刀具沿 Z 轴负方向切削，不论是前置还是后置刀架，凸弧用 G03，凹弧用 G02；反之，刀具沿 Z 轴正方向切削时，不论是前置还是后置刀架，凸弧用 G02，凹弧用 G03。

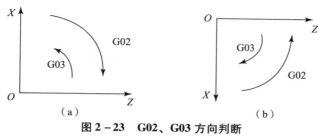

图 2 - 23　G02、G03 方向判断

（a）后置刀架；（b）前置刀架

（四）R 正负值的判断

当用半径 R 指定圆心位置时，由于在同一半径 R 的情况下，从圆弧的起点到终点有两个圆弧路径，如图 2 - 24 所示。

规定：圆心角 $\alpha \leqslant 180°$ 时，R 为正值；圆心角 $\alpha > 180°$ 时，R 为负值。

如图 2 - 25 所示，由 A 点到 B 点，圆弧 1 程序段为：

G03 X60. Z40. R50. F0. 2；

圆弧 2 程序段为：

G03 X60. Z40. R - 50. F0. 2；

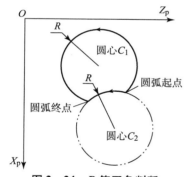

图 2 - 24　R 值正负判断

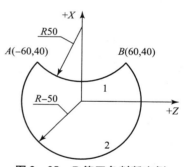

图 2 - 25　R 值正负判断实例

思考：在数控车床上，R 值有负值的情况吗？

二、示例编程

以图 2 - 26 所示零件为例编程。

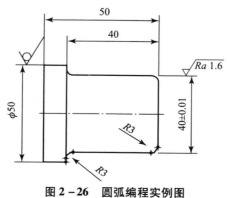

图 2 - 26　圆弧编程实例图

参考程序：

O0001；	程序号
G99 G97 G40 G21；	安全初始化
T0101；	调用刀具及刀补
M03 S800；	主轴旋转
G00 X100．Z100．；	换刀点
Z2．；	Z 方向靠近工件
X52．；	循环点
G90 X46．Z−30．F0.3；	粗车外圆第一刀
X42．Z−27．；	粗车外圆第二刀
X40.5；	粗车外圆第三刀
G00 X100．Z100．；	到换刀点
T0303；	调用精车刀
M03 S1000；	转速提高
G00 Z2．；	Z 方向迅速靠近工件
X33.99；	圆弧起点 X 坐标
G01 Z0．F0.3；	圆弧起点 Z 坐标
G03 X39.99 Z−3．R3．F0.15；	圆弧终点
G01 Z−27．；	切削外圆至圆弧起点
G02 X45.99 Z−30．R3．；	切削圆弧至圆弧终点
G01 X52．；	退刀
G00 X100．Z100．；	换刀点
M30；	程序结束

职业能力训练

训练目标

①能够正确使用 G02、G03 编制任务加工程序；

②能够正确使用 R 规测量圆弧，并分析圆弧半径的大小。

训练条件

①安装宇龙数控仿真软件的电脑；

②CK6136 数控车床；90° 外圆车刀；ϕ45 mm × 70 mm 毛坯；0～150 mm 游标卡尺；25～50 mm 外径千分尺；0～10 mm R 规。

工作流程

分析加工任务——确定工艺方案——相关知识学习——程序编制及仿真训练——设备、

毛坯、量具准备——教师现场讲授 R 规的使用方法——学生实际操作训练——检查、评价。

🔁 实施步骤

①图样分析，确定工艺方案，做出加工计划；
②相关知识讲授，学生编制加工程序；
③数控车床仿真训练；
④教师现场讲授 R 规的使用方法及误差分析；
⑤学生分组操作机床完成零件加工及测量。

任务三　大圆弧轴零件数控车削加工

🔁 任务描述

如图 2 - 27 所示零件，通过该零件的加工，学生能正确使用 G02、G03 圆弧插补指令，掌握圆弧分层切削的走刀路线，能够分析刀尖圆弧半径对圆弧、圆锥等加工误差的影响，并掌握 G40、G41、G42 刀尖半径补偿指令的作用及编程规范。

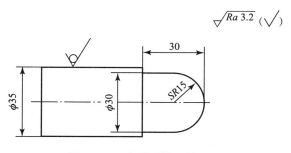

图 2 - 27　大圆弧轴零件图纸

🔁 知识准备

一、圆弧面车削工艺方案确定

（一）圆弧分层车削路线分析

如图 2 - 27 所示尺寸较大的圆弧，若用 G02（或 G03）指令一刀就把圆弧加工出来，背吃刀量太大，容易打刀。所以，实际车削时，需要多刀分层加工，先将大部分余量切除，最后再车削所需圆弧。

切除多余材料的方法有圆锥法、同心圆法和等圆弧移位法三种。

1. 圆锥法

如图 2 - 28 所示，注意起点 A 与终点 B 的确定，应避免过切。相关计算如下：

$$BD = OB - R = 1.414R - R = 0.414R$$

$$AB = 1.414BD = 0.586R$$

考虑到 AC 不能超过 D 点，一般取 $AB = 0.5R$。如图 2 – 29 所示零件，$AC = 0.5R = 11$ mm，即切削圆弧前，首先用圆锥法将 $\triangle ABC$ 多余材料切除。

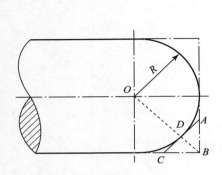

图 2 – 28　圆锥法车削路线

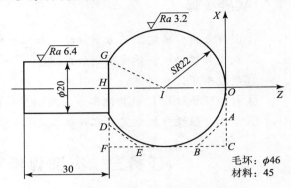

图 2 – 29　圆锥法粗车圆弧示意图

2. 同心圆法

如图 2 – 30 所示，圆心位置不变，用不同半径圆来分层车削，最后将所需圆弧加工出来。该方法在确定了每次背吃刀量后，对 1/4 圆弧的起点、终点坐标较易确定。此方法数值计算简单，编程方便，较常采用。

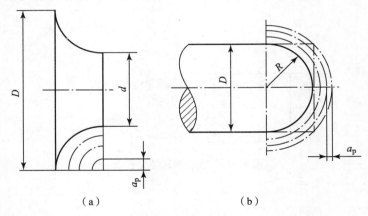

（a）　　　　　　　　　　（b）

图 2 – 30　同心圆法车削路线

（a）凹弧的进给路线较短；（b）凸弧加工路线空行程较长

3. 等圆弧移位法

如图 2 – 31 所示，根据加工余量的大小，采用相同的圆弧半径，渐进地向工件要求圆弧靠近，最终将所需圆弧加工出来。

（二）车削圆弧用刀具选择

一般采用尖形车刀和圆弧形车刀切削圆弧。

1. 尖形车刀

以直线形切削刃为特征的车刀，刀位点是刀尖。选用该刀车削圆弧时，应结合数控加工的特点进行全面考虑，对于非单调变化的轮廓，结合加工路线，合

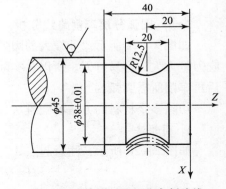

图 2 – 31　等圆弧移位法车削路线

理选择刀具副偏角，避免已加工表面与刀具副切削刃发生干涉，同时兼顾刀尖本身的强度。

如图 2 - 32 所示，利用作图法可以得到避免干涉的几何刀尖角度 δ。

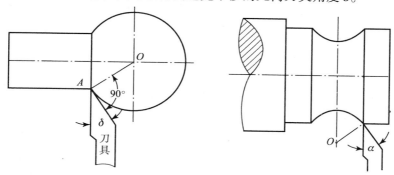

图 2 - 32　合理刀尖角度避免干涉

注意：如图 2 - 33 所示，尖形车刀在切削圆弧的过程中，背吃刀量和切削力是变化的，因此将影响工件表面的加工质量。

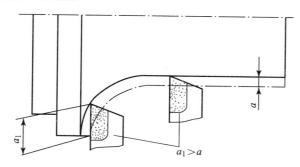

图 2 - 33　尖形车刀加工圆弧

2. **圆弧形车刀**

圆弧形车刀是较为特殊的数控加工用车刀，它是以一圆度误差或线轮廓误差很小的圆弧形切削刃为特征的车刀，车刀圆弧刃上每一点都是圆弧形车刀的刀尖。因此，其刀位点不在圆弧上，而是在该圆弧的圆心上。

圆弧形车刀具有宽刃切削（修光）性质，能使精车余量保持均匀从而改善切削性能，特别适合于车削精度要求较高的各种光滑连接（凹形）的成型面，如图 2 - 34 所示。

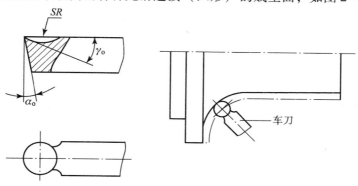

图 2 - 34　圆弧形车刀的应用

二、刀具圆弧半径补偿

（一）刀具半径补偿的概念

使用尖形车刀车削时，刀位点是刀尖，实际车刀的刀尖不可能绝对尖，如图 2 - 35 所示。

刀尖位置是一个假想的位置，对刀时，数控车床也是以假想刀尖来对刀，用程序控制假想刀尖的运行轨迹，即假想的刀尖与工件的加工轮廓重合。而车削时，实际起作用的切削刀刃是圆弧与工件轮廓表面的切点，如图 2 - 36 所示。

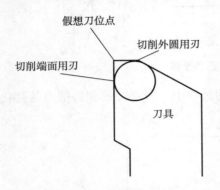

图 2 - 35　假想刀尖示意图

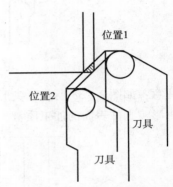

图 2 - 36　刀尖圆弧车削误差分析

（二）误差分析

车内外圆柱端面：刀具实际切削刀刃的轨迹与工件轮廓一致，无误差产生，如图 2 - 37（a）所示；

车圆锥面：锥度无影响，但锥面大小端面尺寸有误差，如图 2 - 37（b）所示；

车圆弧面：圆度及圆弧半径有误差，如图 2 - 37（c）和 2 - 37（d）所示。

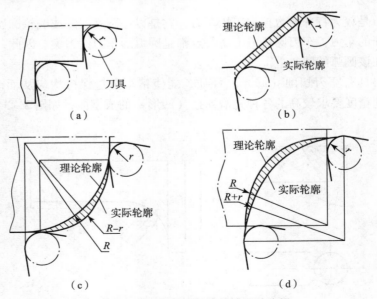

（a）

（b）

（c）

（d）

图 2 - 37　不采用半径补偿时误差分析

（三）解决措施

1. **刀具中心轨迹编程**

按刀具中心对刀，并计算刀具中心的轨迹。

如图 2-38 所示，刀具刀位点为刀尖圆心，对刀时根据该点建立工件坐标系，即程序控制的是刀尖圆心的运行轨迹；作实际轮廓等距（距离为刀尖半径值）线，计算等距线上各基点坐标值，即有刀具圆心跟随编程轨迹运行，工件轮廓通过刀尖刃口圆弧包络而成，从而解决误差问题。

注意：人工处理刀具中心轮廓轨迹将给计算带来困难，且刀具刀尖半径变化后，需重新计算，并对程序做相应的修改，既烦琐又不易保证精度，缺乏灵活性。

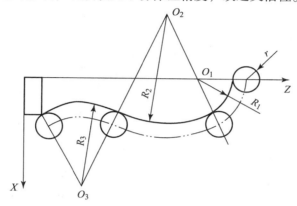

图 2-38　刀具中心的轨迹编程

2. **刀具半径补偿**

当编制零件加工程序时，不需要计算刀具中心运动轨迹，只按零件轮廓编程，使用刀具半径指令，系统便能自动计算出刀具中心轨迹。

图 2-39 所示为不加半径补偿与建立半径补偿加工效果比较。

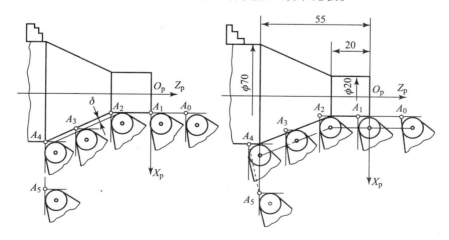

图 2-39　没有半径补偿与建立半径补偿加工效果比较

（1）功能

用来补偿由于刀尖圆弧半径 R 而引起的工件加工误差。

（2）特点

按工件实际轮廓编程，不必计算刀具中心的轨迹。

（3）刀具补偿的方法

①通过键盘向系统存储器中输入刀具参数，如图 2－40 所示。

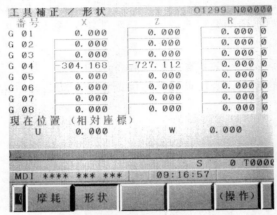

图 2－40　输入刀尖半径补偿参数

刀具半径补偿参数包括两方面：

a. 刀尖半径 R；

b. 刀尖方位号 T。根据车刀刀尖形状和切削时所处的位置，刀尖方位号共分为 9 种，如图 2－41 所示。

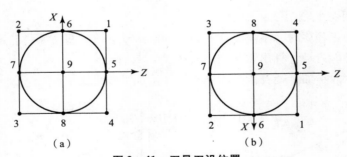

（a）

图 2－41　刀具刀沿位置

（a）后置刀架；（b）前置刀架

注意：无论是前置还是后置刀架，外圆车刀刀沿位置都是"3"。

②在程序中采用刀具半径补偿指令来完成补偿。

（四）G41、G42、G40——刀具半径补偿指令

1. G41——刀尖圆弧半径左补偿指令

格式：

G41 G00/G01 X(U)__ Z(W)__ F__；

2. G42——刀尖圆弧半径右补偿指令

格式：

G42 G00/G01 X(U)__ Z(W)__ F__；

3. G40——撤销刀尖圆弧半径补偿指令

格式：

G40 G00/G01 X(U)__ Z(W)__ F__ ;

说明：

①G41、G42 中的 X(U)、Z(W) 为建立刀尖圆弧半径补偿程序段中刀具移动终点坐标；

②G40、G41、G42 指令只能与 G00、G01 结合编程，通过直线运动建立刀补；

③G40、G41、G42 为模态指令，且不能同时指定；

④在使用 G41、G42 补偿程序段后，不能出现连续两个或两个以上的不移动指令，否则补偿失效；

⑤必须在空行程运动时，加上或取消刀具半径补偿；

⑥加上或取消刀具半径补偿，移动量必须大于刀具半径；

⑦因刀尖半径较小（$R > 0.2 \sim 1.6$），粗车时一般不考虑半径补偿。

4. 左、右补偿的判别原则

沿 Y 轴由正向负观察刀具所处的位置，顺着刀具运动的方向看，刀具在工件的左边为刀具半径左补偿；反之，为刀具半径右补偿。如图 2-42 所示。

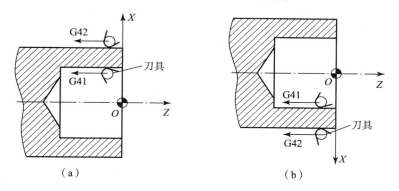

图 2-42　左、右补偿判断

（a）后置刀架；（b）前置刀架

注意：

①车刀沿 Z 轴负方向走刀，无论是前置还是后置刀架，车削外圆，均为右补偿 G42；车削内孔，均为左补偿 G41；

②建立刀具半径补偿，必须输入刀具参数，同时程序中调用 G42 或 G41 补偿指令，两者缺一不可，否则补偿无效；

③建立补偿后，必须用 G40 指令在空行程程序段将补偿取消。

三、示例编程

如图 2-43 所示，编制程序，保证零件尺寸精度及表面质量。

选用粗车刀 T0101、精车刀 T0303。

参考程序：

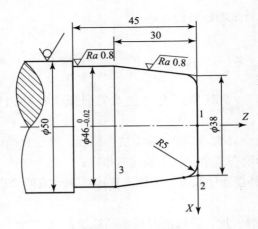

图 2 – 43　示例图纸

O0001;	程序号
G99 G97 G40 G21;	安全初始化
T0101;	调用刀具及刀补
M03 S800;	主轴旋转
G00 X100.Z100.;	换刀点
Z2.;	Z 方向靠近工件
X52.;	粗车圆柱循环点
G90 X46.5 Z–45.F0.3;	粗车外圆第一刀
G00 X48.Z3;	粗车圆锥循环点
G90 X46.5 Z–30.R–2;	粗车圆锥第一刀
R–4.4;	粗车圆锥第二刀
G00 X100.Z100.;	到换刀点
T0303;	调用精车刀及刀补
G96 S150;	恒线速度
G50 S1000;	限定最高转速
G00 G42 Z2.;	加上刀尖半径右补偿
X0;	1 点 X 坐标
G01 Z0.F0.3;	1 点 Z 坐标
X38.,R5.F0.15;	2 点坐标
X39.99 Z–30.;	3 点坐标
Z–45.;	切削圆柱
G01 X52.;	退刀
G97 S800;	取消恒线速度
G00 G40 X100.Z100.;	取消刀尖半径补偿到换刀点
M30;	程序结束

职业能力训练

训练目标

①能够指定合理走刀路线对圆弧进行分层切削；

②能够正确设置刀尖圆弧半径补偿参数；

③能够合理应用 G40、G41、G42 刀尖半径补偿指令编制程序。

训练条件

①安装宇龙数控仿真软件的电脑；

②CK6136 数控车床；90°外圆车刀；ϕ35 mm×70 mm 毛坯；0～150 mm 游标卡尺；25～50 mm 外径千分尺。

工作流程

分析加工任务——确定工艺方案——相关知识学习——程序编制及仿真训练——设备、毛坯、量具准备——教师现场讲授刀尖圆弧半径补偿参数的设置——学生实际操作训练——检查、评价。

实施步骤

①图样分析，确定工艺方案，做出加工计划；

②教师讲授相关知识，学生编制加工程序；

③数控车床仿真训练；

④教师现场演示讲授刀尖圆弧半径补偿参数的设置方法；

⑤学生分组操作机床加工、测量以及利用补偿保证尺寸精度。

注意事项

①精加工刀具设置刀尖圆弧半径补偿参数；

②刀具形状补偿、磨耗补偿及刀尖半径补偿参数应建立在一个补偿号中。

同步思考题

2.1　车削圆锥如何保证表面质量？

2.2　G90 固定循环指令有什么特点？如何计算 R 值？如何判断 R 值的正负？

2.3　顺时针 G02 与逆时针 G03 圆弧指令是如何确定的？

2.4　建立和取消刀尖半径补偿应注意什么？如何设置半径补偿参数？

2.5　试述 G90 指令与 G94 指令的适用场合。

2.6　为什么要用刀具半径补偿？刀具半径补偿有哪几种？指令是什么？

2.7　在 G02、G03 指令中，采用圆弧半径编程和圆心坐标编程有何不同之处？

项目三　复杂轴类零件数控车削加工

🔄 引导案例

　　如图 3-1 所示轴类零件，由多个圆柱、圆弧以及圆锥等表面组成，形状复杂，若用 G90 固定循环指令编程，计算复杂，编程困难。为简化形状复杂零件的编程，在这里我们通过完成几个任务，来学习 G71、G72、G73、G70 编制数控加工程序的特点以及编程的基本规范。

图 3-1　复杂轴类零件

任务一　长径比较大轴的数控车削加工

🔄 任务描述

　　如图 3-2 所示一轴类零件，要求学生在数控车床上对其进行编程加工。通过该零件的加工，能够掌握 G71、G70 指令格式及编程的规范；掌握零件两端加工工艺顺序的确定原则

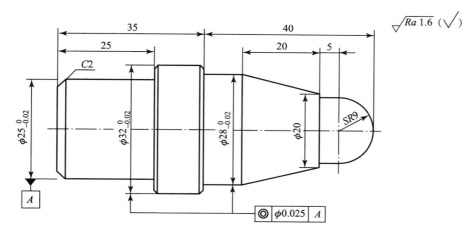

图 3－2　加工任务图纸

及对刀方法；掌握刀尖半径补偿指令 G41、G42、G40 在 G71 指令格式中的应用。

知识准备

一、复合循环指令

（一）G71——内、外圆粗车循环

内、外圆粗车复合循环指令，适用于圆棒类毛坯，即需要多次走刀才能完成的轴套类零件的粗加工，只需在程序中指定精加工路线，给出每次粗加工吃刀量，指令即会自动重复切削，并配合 G70 精加工循环，完成零件的加工。相对于 G01、G90 等，其编程更为简单，程序内容大大减少。

格式：

G71　U(Δd) R(e)；

G71　P(ns) Q(nf) U(Δu) W(Δw) F__ S__ T__；

N(ns)；

...

N(nf)；

程序中：ns——精加工程序段的开始程序段号；

nf——精加工程序段的结束程序段号；

Δu——X 轴方向精加工余量（直径值，外圆为"＋"，内孔为"－"）；

Δw——Z 轴方向精加工余量（右向左进给为"＋"，左向右进给为"－"）；

Δd——X 轴方向每次的切削深度（半径值）（无符号模态值）；

e——退刀时 X 轴方向退刀量（半径值）（无符号模态值）。

说明：

①G71 程序段本身不进行精加工，粗加工是按后续程序段 $ns \sim nf$ 给定的精加工编程轨迹 A—B 进行加工的，刀具沿 X 方向吃刀，平行于 Z 轴方向切削进给。

②G71 程序段除 F、S、T 以外的地址符不能省略。G71 程序段中的 F、S、T 只在粗加工循环有效，执行 G70 精加工时处于 $ns \sim nf$ 程序段之间的 F、S、T 有效，但 $ns \sim nf$ 程序段中的 F、S、T 功能对粗车循环无效。

③ns 程序段必须包括 G00 或 G01 指令，必须是直线或点定位运动。

④在 $ns \sim nf$ 程序段中，不能包含子程序、不能调用固定循环指令 G90 或 G94、不能调用返回参考点指令 G28、不能调用螺纹切削指令 G32 或 G92。

⑤G71 循环时不能进行刀尖半径补偿。因此在 G71 指令前不允许出现 G41 或 G42 刀尖半径补偿指令。在 $ns \sim nf$ 程序段中可以含有 G41 或 G42 指令，以便对精车轨迹进行刀尖半径补偿。

⑥G71 循环时最后一刀的吃刀量不一定为 Δd，为了保证所设定的精加工余量，数控系统自动计算，在 $0 \sim \Delta d$ 之间取合适值。

⑦一般情况下 G71 用于 X 向、Z 向均单调变化的零件，即零件轮廓必须符合 X 轴、Z 轴方向同时单调增大或单调减小。$ns \sim nf$ 程序段中第一条指令只有 X 值出现，不允许出现 Z 值。

⑧G71 粗加工与 G70 精加工的循环点必须保持一致，且循环起点就是循环结束点。

⑨G70 精加工循环半径补偿一般在 N(ns) 程序段引入。如 N(ns) G01 G42 X__ F__；也可在 N(nf) 与 G70 中间程序段加入。

图 3-3 所示为 G71 粗加工循环路线。

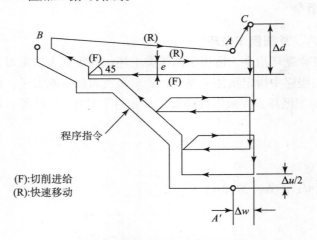

图 3-3　G71 粗车刀具循环路径

（二）G70—精车复合固定循环

格式：

G70 P(ns) Q(nf)；

程序中：ns——精加工程序段的开始程序段号；

　　　　nf——精加工程序段的结束程序段号。

说明：

①G70 指令不能单独使用，只能配合 G71、G72、G73 指令使用；

②只有在 $ns \sim nf$ 程序段中的 F、S、T 功能才有效。当在 $ns \sim nf$ 程序段中不作指定时，粗车循环中的 F、S、T 才有效；

③当 G70 循环加工结束时，刀具返回到循环起点并执行下一程序段；

④ns～nf 间的程序段不能调用子程序 M98、不能调用固定循环指令 G90 和 G94、不能调用返回参考点指令 G28、不能调用螺纹切削指令 G32 和 G92；

⑤注意退刀路线（退刀量 e），防止刀具与工件碰撞；

N(nf) G01 X__ F0.15;精加工最后程序段，让刀具在 X 方向退出至循环点 X 坐标值

二、编程示例

在卧式数控车床上加工如图 3－4 所示的零件。其毛坯为 $\phi50$ mm×50 mm 棒料，工艺设计为：粗加工时切深 2 mm，进给速度 $F=0.3$ mm/r，主轴转速 $S=800$ r/min；精加工时 X 向余量为 0.5 mm，Z 向为 0.2 mm，进给速度 $F=0.15$ mm/r，主轴转速 $S=1\,000$ r/min。

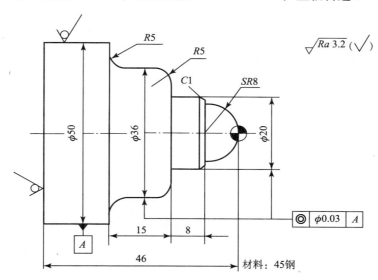

图 3－4　示例图纸

1. 示例程序单

粗、精车使用 1 把刀。

O0024;	程序号
G99 G97 G40 G21;	安全初始化
T0101;	调用 1 号刀及刀补
M03 S800;	主轴旋转
G00 X100. Z100.;	换刀点
Z2.;	
X52.;	循环起点
G71 U2. R1.;	粗车循环指令,指定切削参数
G71 P30 Q60 U0.5 W0.2 F0.3;	
N30 G00 G42 X0. S1000;	精加工路线第一段
G01 Z0. F0.15;	
G03 X16. Z－8. R8.;	

```
G01 X18.;
X20. Z -9.;
Z -16.;
X26.;
G03 X36. Z -21. R5.;
G01 Z -26.;
G02 X46. Z -31. R5.;
N60 G01 X52.;
G70 P30 Q60;                        精加工循环
G00 G40 X200. Z200.;                取消半径补偿
M30;                                程序结束
```

2. 示例程序单

粗、精车 2 把刀，使用恒线速度及逗号编程指令。

```
O0025;                              程序号
G99 G97 G40 G21;                    安全初始化
T0101;                              调用 1 号刀及刀补
M03 S800;                           主轴旋转
G00 X100. Z100.;                    换刀点
Z2.;
X52.;                               循环起点
G71 U2. R1.;                        粗车循环参数设定
G71 P30 Q60 U0.5 W0.2 F0.3;
N30 G00 X0.;                        精加工路线第一段
G01 Z0. F0.15;
G03 X16. Z -8. R8.;
G01 X20., C1;
Z -16.;
X36.,R5;
Z -31.,R5;
N60 G01 X52.;                       精加工路线结束段
G00 X100. Z100.;                    换刀点
T0303;                              调用精车刀及刀补
G96 S150;                           恒线速度
G50 S1000;                          最高限速
G00 G42 X52.Z2.;                    加刀尖半径补偿到循环起点
G70 P30 Q60;                        精加工循环
G00 G40 X100. Z100.;                取消补偿到换刀点
M30;                                程序结束
```

三、加工顺序的确定

（一）工件两头加工顺序的确定原则

①基于基准先行的加工原则，先加工基准面，以此作为精基准加工其他表面，以保证相互位置精度。

如图 3-5 所示零件，应先加工 ϕ40 mm 尺寸作为后续加工精基准。

②先加工对刚性影响较小的一端，以便于装夹加工另一端。

注意：工件先加工端的长度，在加工另一端时，要保证接刀，并尽量将总长度加工余量留在另一端加工。如图 3-6 所示，ϕ48 mm 尺寸段长度 10 mm 要大于图纸要求尺寸 3～5 mm，并将总长度加工余量留在另一端，目的是加工 ϕ40 mm 尺寸端时，使装夹牢靠。

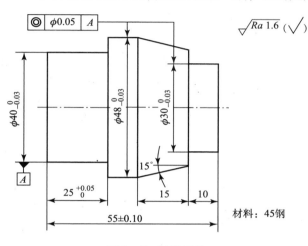

图 3-5　轴类零件

（二）工件掉头对刀的方法

图 3-7 所示为工件掉头加工示意图。

将工件坐标系建立在工件右端面上。

X 方向对刀：试切工件外圆—刀具原路返回—主轴停止—测量外径 d—单击"Offset"按钮进行参数输入—输入"Xd"—单击"测量"按钮。

注意：若刀具没有重新装夹或刃磨，X 方向可以不再对刀。

Z 方向对刀：刀具试切工件端面—原路返回—主轴停转—测量长度 Z—单击"Offset"按钮进行参数输入—输入"Z""L"—单击"测量"按钮。其中：L 为图纸要求的加工长度。

注意：在掉头端加工程序中，需编制程序段车端面，以保证总长。

参考程序如下：

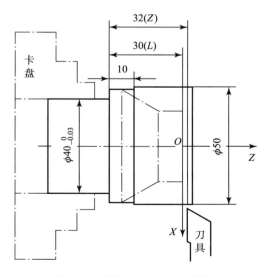

图 3-6　加工左端尺寸示意图

图 3-7　掉头加工右端示意图

```
O0026;
T0101;
M03 S500;
G00 X100. Z20.;                    换刀点
Z0.;                               工件右端面
X52.;                              靠近工件
G01 X-1. F0.3;                     齐端面保证总长
Z2.;                               刀具离开端面
G00 X52.;                          粗车循环点
G71 U2. R1;
G71 P30 Q60 U0.5 W0.2 F0.3;
...
```

（三）工件掉头装夹找正

如图3-8所示，将百分表固定在车床拖板上，触头触压在已加工圆柱侧母线的上方，然后轻轻用手转动卡盘，根据百分表的读数用铜棒轻敲工件或卡爪进行调整，在主轴旋转一圈的过程中，百分表指针跳动不超出同轴度公差值，表示工件装夹表面的轴心线与机床主轴轴心线满足图纸同轴度要求。

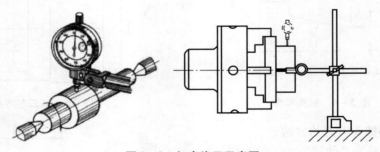

图3-8 打表找正示意图

职业能力训练

训练目标

①工件掉头后，刀具能够正确对刀控制零件长度；
②工件掉头装夹后能够找正工件；
③能够应用 G71、G70、G42、G40 编制数控程序，完成零件加工。

训练条件

①安装宇龙数控仿真软件的电脑；
②CK6136 数控车床；90°外圆车刀；φ35 mm×80 mm 毛坯；找正铜棒；0～150 mm 游标卡尺；25～50 mm 外径千分尺；磁力表座及百分表；0°～320°游标万能角度尺，1～10 mm R 规。

🔁 工作流程

分析零件图纸——确定工艺方案——相关知识学习及仿真训练——设备、毛坯、量具准备——教师现场讲授工件掉头找正及对刀方法——学生实际操作训练——检查、评价。

🔁 实施步骤

①图样分析，确定工艺方案，做出加工计划；
②教师讲授相关知识，学生编制加工程序；
③数控车床仿真训练；
④教师现场讲授工件掉头找正及对刀方法；
⑤学生分组操作机床完成零件加工及测量。

🔁 注意事项

①G71 与 G70 循环点须一致；
②打表找正工件，须用铜棒调整工件，且百分表在使用以前要矫正零位，指针跳动不超过图纸同轴度要求。

任务二　长径比较小轴的数控车削加工

🔁 任务描述

如图 3-9 所示一轴类零件，要求学生用数控程序的自动运行模式完成零件加工。通过该零件的加工，能够掌握 G72、G70 编程指令的意义及基本规范；掌握车端面刀具的种类及安装方法；能够分析 G71 与 G72 指令的适用零件形状及特点。

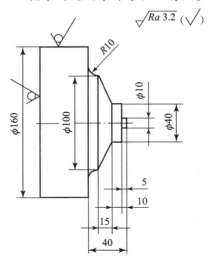

图 3-9　长径比较小的零件

🔄 知识准备

一、复合循环指令

（一）G72——端面粗车循环

G72 端面粗车复合循环指令适合于径向尺寸较大，而轴向尺寸较小的盘类零件的粗加工。配合 G70 精加工循环，直至完成零件的加工。相对于 G01、G90 等编程变得简单，程序内容大大减少。

格式：G72 W(Δd) R(e)；

　　　　G72 P(ns) Q(nf) U(Δu) W(Δw) F__ S__ T__；

　　　　N(ns)；

　　　　...

　　　　N(nf)；

程序中：ns——精加工程序段的开始程序段号；

　　　　nf——精加工程序段的结束程序段号；

　　　　Δu——X 轴方向精加工余量（直径值，外圆为"＋"，内孔为"－"）；

　　　　Δw——Z 轴方向精加工余量（右向左进给为"＋"，左向右进给为"－"）；

　　　　Δd——Z 轴方向每次的切削深度（无符号模态值）；

　　　　e——退刀时 Z 轴方向退刀量（无符号模态值）。

说明：

①G72 程序段本身不进行精加工，粗加工按后续程序段 $ns \sim nf$ 给定的精加工编程轨迹 A—B 进行，刀具沿 Z 方向吃刀，平行于 X 轴方向切削进给；

②G72 所加工轮廓必须是单调递增或单调递减的形式；

③ns 程序段中只允许出现 Z 值；

④G72 粗加工与 G70 精加工的循环点必须保持一致，且循环起点就是循环结束点。

图 3－10 所示为 G72 粗加工循环路线。

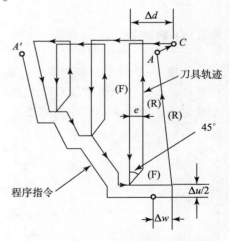

图 3－10　G72 粗车刀具循环路径

（二）G70——精车复合固定循环

格式：

G70　P(ns) Q(nf)；

程序中：ns——精加工程序段的开始程序段号；

　　　　nf——精加工程序段的结束程序段号。

说明：

①G70 指令不能单独使用，只能配合 G71、G72 和 G73 指令使用。

②只有在 $ns \sim nf$ 程序段中的 F、S、T 功能才有效。当在 $ns \sim nf$ 程序段中不作指定时，粗车循环中的 F、S、T 才有效。

③当 G70 循环加工结束时，刀具返回到循环起点并执行下一程序段。

④ns~nf 间的程序段不能调用子程序 M98、不能调用固定循环指令 G90 和 G94、不能调用返回参考点指令 G28、不能调用螺纹切削指令 G32 及 G92。

⑤注意退刀路线（退刀量 e），防止刀具与工件碰撞。

N(nf) G01 Z__ F0.15;精加工最后程序段，让刀具在 Z 方向退出至循环点 Z 坐标值

（三）编程示例

如图 3-11 所示的零件，毛坯为 ϕ108 mm、45 钢棒料。工艺设计为：粗加工时切深 1.5 mm，进给速度 $F = 0.3$ mm/r，主轴转速 $S = 500$ r/min；精加工时 X 向余量为 0.5 mm，Z 向为 0.1 mm，进给速度 $F = 0.15$ mm/r，主轴转速 $S = 800$ r/min。

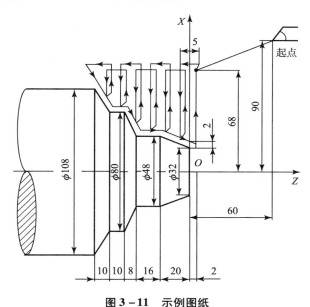

图 3-11 示例图纸

参考程序：

O0001;	程序号
G99 G97 G40 G21;	安全初始化
T0101;	调用 1 号刀及刀补
M03 S500;	主轴旋转
G00 X136.Z2.;	循环点
G72 W1.5 R1.;	粗加工循环
G72 P60 Q110 U0.5 W0.1 F0.2;	
N60 G00 G41 Z-64.S800;	加入刀具半径补偿
X108.;	精加工路线起点
G01 X80.W10.F0.15;	
W10.;	
X48.W8.;	
W16.;	

X32.W20.;
N110 Z2.;   精加工结束段
G70 P60 Q110;   精加工循环
G00 G40 X180.Z60.;   取消刀具半径补偿
M30;   程序结束

二、工艺参数的确定

(一)切削用量

1. 背吃刀量 a_p 的确定

一般粗加工背吃刀量可选择 5~8 mm;

半精加工（$Ra=1.25~10.00$ μm）时，可取 0.5~2.0 mm;

精加工（$Ra=0.32~1.25$ μm）时，可取 0.2~0.5 mm。

2. 进给量（FANUC 数控系统默认 G99 指令）

粗车时，$f=0.3~0.8$ mm/r;

精车时，$f=0.1~0.3$ mm/r;

切断时，$f=0.05~0.20$ mm/r。

3. 主轴转速 n 的确定

一般粗加工转速为 600~800 r/min，精加工转速为 800~1 000 r/min，车螺纹转速为
400~500 r/min，切槽或切断转速为 300~350 r/min。

注意:

端面切削时刀具切削点的线速度不断发生变
化，易发生振动，因此切削用量应比外圆切削稍小。

三、刀具的安装

G72 循环加工路线是刀具沿 Z 方向吃刀，平
行于 X 轴方向切削进给，即刀具主切削刃应平行
于 Z 轴。图 3-12 所示为 G72 端面切削刀具安装
形式，对于前置刀架来说，应采用后置刀具，即
右偏齐外圆车刀。

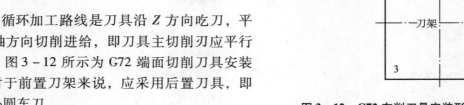

图 3-12　G72 车削刀具安装形式
（刀架前置）

思考:

①普通前置刀具能否满足加工要求？

②刀具沿 Z 轴正方向运行，刀尖半径左、右补偿是否有变化？

职业能力训练

🔄 训练目标

①能够正确使用 G72、G70 编制任务加工程序;

②能够正确安装右偏齐车刀及对刀。

训练条件

①安装宇龙数控仿真软件的电脑；

②CK6136 数控车床；90°右偏齐外圆车刀；φ160 mm×70 mm 毛坯；0~150 mm 游标卡尺；25~50 mm 外径千分尺；0~10 mm R 规。

工作流程

分析加工任务——确定工艺方案——相关知识学习——程序编制及仿真训练——设备、毛坯、量具准备——教师现场讲授右偏齐刀具的安装及对刀方法——学生实际操作训练——检查、评价。

实施步骤

①图样分析，确定工艺方案，做出加工计划；

②相关知识讲授，学生编制加工程序；

③数控车床仿真训练；

④教师现场讲授右偏齐刀具的安装及对刀方法；

⑤学生分组操作机床完成零件加工及测量。

任务三　非单调轴数控车削加工

任务描述

如图 3－13 所示零件，通过该零件的加工，学生能正确使用 G73、G70 复合循环指令编程，掌握圆柱毛坯 G73 循环加工粗车总余量的确定方法。

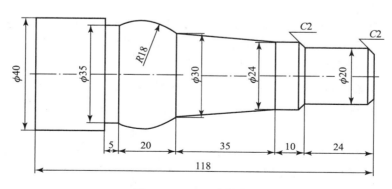

图 3－13　大圆弧轴零件

知识准备

一、复合循环指令

（一）G73——仿行（封闭）粗车复合循环

图 3 - 14 所示为 G73 粗加工循环路线。

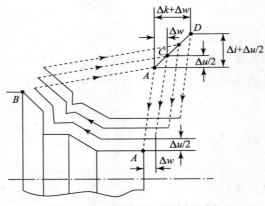

图 3 - 14　G73 粗车刀具循环路径

G73 适用于锻坯、铸坯等已成形零件的粗加工，有较高的切削效率；对于毛坯采用圆钢，形状单调或非单调零件采用 G73 仿行循环切削会增加刀具的空行程。

格式：

G73 U(Δi) W(Δk) R(Δd)；

G73 P(ns) Q(nf) U(Δu) W(Δw) F__ S__ T__；

N(ns)；

...

N(nf)；

程序中：ns——精加工程序段的开始程序段号；

　　　　nf——精加工程序段的结束程序段号；

　　　　Δi——粗车时，X 轴方向需切除的总余量（半径值，外圆为"＋"，内孔为"－"）；

　　　　Δk——粗车时，Z 轴方向需切除的总余量（右向左进给为"＋"，左向右进给为"－"）；

　　　　Δd——粗车循环次数；

　　　　Δu——X 轴方向精加工余量（直径值，外圆为"＋"，内孔为"－"）；

　　　　Δw——Z 轴方向精加工余量（刀具右向左进给为"＋"，左向右进给为"－"）。

说明：

①G73 程序段本身不进行精加工，粗加工是按后续程序段 $ns \sim nf$ 给定的精加工编程轨迹 $A—B$ 进行，刀具沿平行于工件轮廓切削进给；

②ns 程序段中允许 X 值、Z 值同时出现；

③G73 粗加工循环对零件没有 X 轴、Z 轴单调增大或单调减小的要求；

④G73 粗加工与 G70 精加工的循环点必须保持一致，且循环起点就是循环结束点。

（二）G70——精车复合固定循环

格式：

G70 P(*ns*) Q(*nf*) ;

程序中：*ns*——精加工程序段的开始程序段号；

　　　　nf——精加工程序段的结束程序段号。

说明：

①G70 指令不能单独使用，只能配合 G71、G72、G73 指令使用；

②只有在 *ns* ~ *nf* 程序段中的 F、S、T 功能才有效。当在 *ns* ~ *nf* 程序段中不作指定时，粗车循环中的 F、S、T 才有效；

③当 G70 循环加工结束时，刀具返回到循环起点并执行下一程序段；

④*ns* ~ *nf* 间的程序段不能调用子程序 M98、不能调用固定循环指令 G90 和 G94、不能调用返回参考点指令 G28、不能调用螺纹切削指令 G32 及 G92；

⑤注意退刀路线（退刀量），防止刀具与工件碰撞。

二、工艺参数的确定

采用 G73 粗车循环，只需给出精加工余量 Δu、Δw，X、Z 方向总加工余量 Δi 和 Δk，粗加工循环次数，系统即会自动计算每次背吃刀量。

当用圆钢作毛坯时，Δi、Δk 可按图 3 – 15 所示确定。

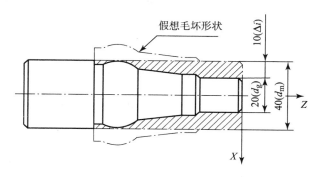

图 3 – 15　G73 粗车

$$\Delta i = (d_{\mathrm{m}} - d_{\mathrm{g}})/2$$

式中，d_{m}——毛坯直径；

　　　d_{g}——工件最小直径。

当工件坐标系建立在如图 3 – 15 所示右端面上时，$\Delta k = 0$。

三、编程示例

（一）图 3 – 16 所示零件

材料为锻坯，工艺设计为：X 方向单边余量、Z 方向余量均为 14 mm，粗加工分 6 刀，$F = 0.3$ mm/r，$S = 500$ r/min；精加工余量 X 方向为 0.5 mm，Z 方向为 0 mm，$F = 0.15$ mm/r，$S = 800$ r/min。

参考程序（形状单调零件）：

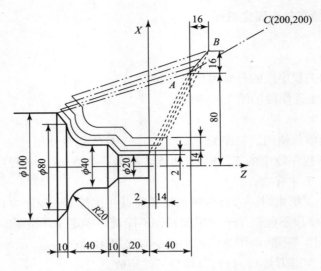

图 3 - 16　G73 粗车刀具循环路径

O0001;	程序号
G99 G40 G21;	安全初始化
T0101;	调用 1 号刀及刀补
M03 S500;	主轴旋转
G00 X200. Z200.;	换刀点
G00 X160. Z40.;	循环点
G73 U14. W14. R6;	粗加工循环
G73 P60 Q110 U0.5 W0. F0.3;	
N60 G00 G42 X20. Z2. S800;	精加工程序第一段
G01 Z - 20. F0.15;	
X40. Z - 30.;	
Z - 50.;	
G02 X80. Z - 70. R20.;	
N110 G01 X100. Z - 80.;	精加工程序结束段
G70 P60 Q110;	精加工循环
G00 G40 X200. Z200.;	换刀点
M30;	程序结束

（二）图 3 - 17 所示零件

材料为 $\phi50$ mm 圆钢，建立如图 3 - 17 所示工件坐标系，工艺设计为：计算 X 方向单边总余量为 6 mm，粗加工分 3 刀，Z 方向余量为 0 mm，$F = 0.3$ mm/r，$S = 800$ r/min；精加工 X 方向余量为 0.5 mm，Z 方向余量为 0 mm，$F = 0.15$ mm/r，$S = 1\ 000$ r/min。

参考程序（非单调形状零件）：

O0001;	程序号
G99 G40 G21;	安全初始化

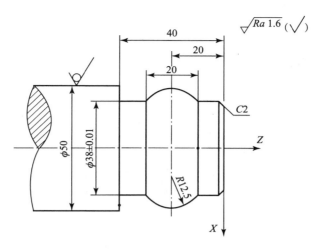

图 3 - 17　G73 粗车刀具循环路径

T0101；	调用 1 号刀及刀补
M03 S800；	主轴旋转
G00 X100. Z100.；	换刀点
Z3.；	
X52.；	循环点
G73 U6. W0. R3；	粗加工循环参数设定
G73 P11 Q21 U0.5 W0 F0.3；	
N11 G42 G00 X0.；	精加工程序第一段
G01 Z0. F0.15；	
X38., C2；	逗号编程倒角
Z -10.；	
G03 X38. Z -30. R12.5；	
G01 Z -40.；	
N21 X52.；	精加工程序结束段
G70 P11 Q21 S1000；	精加工循环
G40 G00 X100. Z100.；	换刀点
M30；	程序结束

职业能力训练

训练目标

①能够合理应用 G73、G70 复合循环指令编制程序；

②能够正确计算粗加工总余量；

③能够正确选择合适刀具，避免与工件发生干涉。

训练条件

①安装宇龙数控仿真软件的电脑;

②CK6136 数控车床;90°外圆车刀;ϕ45 mm × 125 mm 毛坯;0 ~ 150 mm 游标卡尺;25 ~ 50 mm 外径千分尺。

工作流程

分析加工任务——确定工艺方案——相关知识学习——程序编制及仿真训练——设备、毛坯、量具准备——学生实际操作训练——教师现场巡回指导——检查、评价。

实施步骤

①图样分析,确定工艺方案,做出加工计划;

②教师讲授相关知识,学生编制加工程序;

③数控车床仿真训练;

④学生分组操作机床加工,教师巡回指导。

注意事项

对于非单调变化的零件,为避免刀具与工件发生干涉,刀具副偏角一般较大,刀具强度不高,吃刀量要适当减小,以保证切削顺利进行。

同步思考题

3.1 选择切削用量的一般原则是什么?

3.2 复合循环指令的作用是什么?

3.3 G71、G72、G73 分别适用于什么加工场合?各有什么特点?

3.4 试述 G71 复合循环的使用方法和优点。

3.5 使用复合循环指令编程时,应如何建立和取消刀尖半径补偿?

3.6 如何制定加工循环点的位置?

项目四 槽轴类零件数控车削加工

🔁 知识目标

①掌握切槽复合循环指令 G74、G75 的格式及应用；
②掌握调用子程序指令 M98、M99 的格式及应用；
③掌握暂停指令 G04 的格式及应用；
④掌握加工槽切削用量的选用。

🔁 能力目标

①能够正确使用 M98、M99 指令简化程序编制；
②能够使用切槽复合循环指令 G74、G75 编制数控加工程序；
③能够掌握切槽刀的对刀及选用。

🔁 引导案例

如图 4-1 所示零件，由多个密封槽组成，若用 G00、G01 指令编程，计算复杂，编程困难。为了简化编程，在这里我们通过完成几个任务，学习调用子程序 M98、M99 及切槽循环指令 G74、G75 编制数控加工程序的特点以及编程的基本规范。

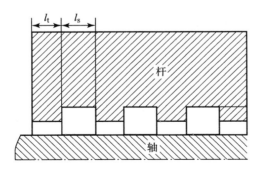

图 4-1 密封槽

任务一 多槽轴的数控车削加工

🔁 任务描述

如图 4-2 所示一轴类零件，要求学生在数控车床上对其进行编程加工。通过对该零件

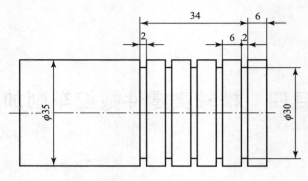

图4-2 多槽加工任务图纸

的加工，掌握调用子程序指令 M98、M99 的格式及编程的规范；掌握切槽刀的安装及对刀方法；掌握对不同类型槽加工工艺路线的分析。

知识准备

一、工艺方案的确定

（一）车槽加工路线分析

1. 浅且窄槽的加工

对于宽度、深度值相对不大，精度不高的槽进行加工，如图4-3所示。

采用与槽等宽的刀具，直接一次成形，对于精度要求较高的，一般分两次车削成形。刀具在槽底短暂停留，以断屑以及修正槽底圆度和表面粗糙度。一般程序指令采用 G00、G01、G04，若为多槽，则可调用子程序以简化程序。

2. 窄且深槽的加工

对于宽度不大但深度值较大的槽进行加工，如图4-4所示。

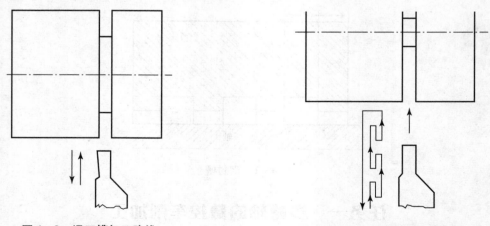

图4-3 退刀槽加工路线　　　　　图4-4 深槽加工路线

为了避免出现排屑不畅、刀具扎刀和折断的现象，采用径向分层切削的方式。刀具切入一定深度，停止进刀，然后再返回一段距离，以便于断屑与排屑。可使用 G75 径向槽切削循环指令来完成。

3. 宽槽的加工（如图 4 – 5 所示）

宽槽采用排刀的方式加工，可使用 G75 径向槽切削循环指令来完成。

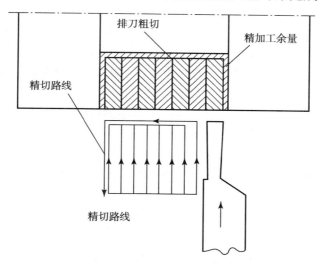

图 4 – 5　宽槽加工路线

4. 切断

切断要用切断刀。切断刀的形状与切槽刀相似，但因刀头窄而长，故很容易折断。常用的切断方法有直进法和左右借刀法两种。直进法常用于切断铸铁等脆性材料，左右借刀法常用于切断钢等塑性材料。

（二）切削用量的确定

1. 背吃刀量 a_p 的确定

对于宽槽切削，在槽宽方向，因采用刀具单边副切削刃切削，故受力不均匀；深槽切削，刀具受挤压，散热排屑条件较差，因此加工槽时，吃刀量比一般推荐值要小。

2. 进给速度确定

切削退刀槽时，刀具全刃参与切削，切削力较大，故选择较小的进给量，一般在 20 ~ 50 mm/min 范围内选取（数控系统默认 G99 指令）。切断时 $F = 0.05 ~ 0.20$ mm/r。

3. 主轴转速 n 的确定

切削槽时会产生较大的切削力，同时刀具散热差，故一般取较小的转速，一般切槽主轴转速 $n = 300 ~ 350$ r/min。

（三）切槽刀的选择

常选用高速钢切槽刀和机夹可转位切槽刀。

切槽刀的选择主要考虑两个方面：一是切槽刀的宽度要适宜；二是切槽刃长度 L 要大于槽深。

二、指令学习

（一）程序分类

主程序：一个完整的零件加工程序或零件加工程序的主体部分。

子程序：在一个程序中，包含固定顺序或多次出现完全相同或相似的程序段，为减化程序，把这些重复的程序段单独抽出来，并按一定的格式单独加以命名，即子程序。

（二）子程序特点

①子程序一般不作为独立加工程序使用，只能通过主程序调用，实现加工中的局部动作，子程序结束后自动返回主程序；

②主程序可以调用子程序，同时子程序也可以调用下一级子程序，即嵌套；

③主程序与子程序结束指令不同（M30、M99）；

④华中系统数控车床，子程序须连续写在主程序的后面；而在 FANUC 系统中，子程序以独立的程序存在。

（三）子程序的结构

子程序与主程序相似，由子程序名、子程序内容和子程序结束指令组成。

例如：Oxxxx　　　　　子程序名

　　　…　　　　　　　子程序内容

　　　M99;　　　　　　子程序结束指令

主程序存在数控系统内，在执行过程中，如果需要某一子程序，则可以通过一定的指令调用。一个子程序可以调用下一级子程序。

（四）子程序的调用

FANUC–0i 系统调用子程序的指令格式有两种：

1. M98　Pxxxxxxxx

说明：M98——子程序调用字

　　　　P——后面的前 4 位为子程序的调用次数，后 4 位为子程序号（0 不可省略）。如果不指定重复次数时，为只调用一次。如：

　　　　　　M98　P50012;

　　　　　　5——为调用子程序 5 次；

　　　　　　0012——为子程序号。

2. M98　Pxxxx Lxxxx

说明 P——后面的 4 位为子程序的名；

L——后面的 4 位为调用次数（0 可省略），如果只调用一次，Lxxxx 可省略。

（五）暂停指令 G04

作用：主轴旋转，刀具进给暂停，并给定暂停时间。

格式：

G04 P__;

或　G04 X__;（FANUC 系统）

说明：地址 P 或 X 给定暂停的时间

　　　X 后面数字带小数点，单位为 s；

　　　P 后面的数字不允许带小数点，单位为 ms。

例如：车退刀槽，刀具进给暂停 2 秒的程序为：

…

G01 U-6.F0.2;

G04 X2.(P2000);

U6.;

注：G04 为非模态指令。

（六）编程示例

对如图 4 - 6 所示零件进行编程。

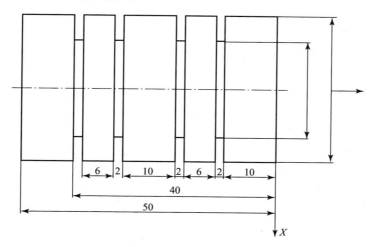

图 4 - 6　编程示例图纸

选用宽度 B = 2 mm 切槽刀，槽深一次切削完成，参考程序如下：

1. 若不调用子程序

O0010;	程序号
...	
G00 X100. Z100.;	换刀点
T0202;	调用切槽刀及刀补
M03 S400;	主轴旋转
Z0.;	多槽长度规律起点
X32.;	靠近工件外圆
G00 W - 12.;	第一槽 Z 坐标
G01 U - 12. F0.15;	切削至槽底
G04 X1.;	刀具进给暂停 1 s
G01 U12.;	退刀
G00 W - 8.;	第二槽 Z 坐标
G01 U - 12. F0.15;	切削至槽底
G04 X1.;	进给暂停 1 s
G01 U12.;	退刀
G00 W - 12.;	第三槽 Z 坐标
G01 U - 12. F0.15;	切削至槽底
G04 X1.;	进给暂停 1 s

```
G01 U12.;                                  退刀
G00 W-8.;                                   第四槽Z坐标
G01 U-12.F0.15;                             切削至槽底
G04 X1.;                                    进给暂停1 s
G01 U12.;                                   退刀
G00 X150.Z100.;                             换刀点
M30;                                        程序结束
```

2. 若调用子程序

主程序：

```
O0010;                                      主程序号
...
G00 X100.Z100.;                             换刀点
T0202;                                      调用切槽刀及刀补
M03 S400;                                   主轴旋转
Z0.;                                        多槽长度规律起点
X32.;                                       靠近工件外圆
M98 P20015;                                 调用子程序O0015两次
G00 X150.Z100.;                             换刀点
M30;                                        程序结束
```

子程序：

```
O0015;                                      子程序号
G00 W-12.;
G01 U-12.F0.15;
G04 X1.;
G01 U12.;
G00 W-8.;
G01 U-12.F0.15;
G04 X1.;
G01 U12.;
M99;                                        子程序结束
```

三、切槽刀的安装及对刀

切槽刀切削加工时，被工件材料和切屑包围，散热条件差，排屑比较困难，尤其是切槽刀的刀头一般长而窄，强度低，刀头容易磨损而使副偏角减小，从而加剧与加工表面之间的摩擦，容易造成扎刀、折断及增大表面粗糙度。

（一）切槽刀选择

①刀宽度要适宜；

②刀切削刃长度要大于槽深。

一般切断刀宽度的选择可参照表4-1。

表 4 - 1 零件直径与切断刀宽度选用对照　　　　　　　mm

零件直径	小于 $\phi15$	$\phi15 \sim \phi25$	$\phi25 \sim \phi35$	$\phi35 \sim \phi45$	$\phi45 \sim \phi55$	大于 $\phi55$
切断刀宽度	2	2.5	3	3.5	4	4.5

（二）切槽刀安装

切槽（切断）时应注意以下几点：

①工件在卡盘上夹紧，工件的切断处应距卡盘近些，以增强刚性、防止振动，避免在有顶尖安装的工件上切槽或切断。

②切槽（切断）刀尖须与工件中心等高，以降低切削阻力，减少毛刺。否则切断处将剩有凸台，不能将工件切下来，且刀头容易损坏。

③切槽（切断）刀安装要正，切断刀中心线须装得与工件中心线成 90°，保证两副偏角对称，以获得理想的加工面，减少加工中的振动现象。

④切槽（切断）刀伸出刀架的长度不宜过长，进给要缓慢均匀。

⑤切断钢件时需要加切削液进行冷却润滑，切铸铁时一般不加切削液，但必要时可用煤油进行冷却润滑。

（三）切槽刀对刀

①X 方向对刀与外圆车刀步骤相同。

②Z 方向对刀：

主轴旋转，手轮操作，调整进给倍率，使切槽刀左刀刃慢慢靠近已切削端面，至刚好接触状态，保持 Z 轴方向不动，刀具退出。进入形状补偿参数设定界面，将光标移到相应的刀号位置，输入"$Z\beta$"，按"测量"软键，完成 Z 方向对刀。

职业能力训练

🔃 训练目标

①能够正确安装切槽刀，并能对刀；

②能够合理使用 M98、M99 指令简化程序编制；

③能够在机床上正确输入主程序及子程序并自动运行。

🔃 训练条件

①安装宇龙数控仿真软件的电脑；

②CK6136 数控车床；90°外圆车刀；切槽刀；$\phi35$ mm × 80 mm 毛坯；0 ~ 150 mm 游标卡尺。

🔃 工作流程

分析零件图纸——确定工艺方案——相关知识学习及仿真训练——设备、毛坯、量具准备——教师现场讲授切槽刀的安装及对刀——学生实际操作训练——检查、评价。

🔄 实施步骤

①图样分析，确定工艺方案，做出加工计划；
②教师讲授相关知识，学生编制加工程序；
③数控车床仿真训练；
④教师现场讲授切槽刀的安装及对刀；
⑤学生分组操作机床完成零件加工及测量。

🔄 注意事项

①切槽刀的刀位点是左刀尖，编制程序时需特别注意；
②加工时，必须在主程序界面运行程序，完成零件加工。

任务二　宽深槽轴的数控车削加工

🔄 任务描述

如图4-7所示一槽轴类零件，要求学生用数控程序自动运行完成零件加工。通过该零件的加工，能够掌握宽深槽的走刀路线；G74与G75指令编程适用于此类零件，掌握G74、G75指令的基本编程规范。

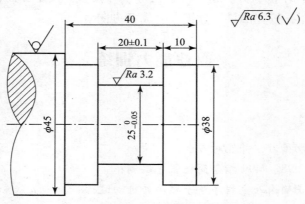

图4-7　宽深槽轴类零件图纸

🔄 知识准备

一、切槽循环指令

（一）径向切槽循环指令

1. 格式：

G75 R(e)；

G75 X(U)＿＿ Z(W)＿＿ P(Δi) Q(Δk) R(Δd) F＿＿；

程序中：X(U)＿＿,Z(W)＿＿——切槽终点坐标；

e——退刀量；

Δi——X方向每次的切深量，用不带符号的半径值表示；

Δk——刀具完成一次径向切削后，在Z方向的偏移量（不带符号的值表示）；

Δd——刀具在切削底部的Z向偏移量，无要求时可省略。

Δi和Δk按最小编程单位输入，不能输入小数点，且$\Delta k \le b$，b为切槽刀的宽度。

G75指令切削循环走刀路线如图4-8所示，该指令适用于宽且深的槽的加工。

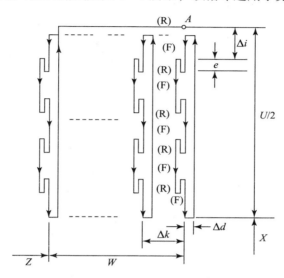

图4-8 G75切削循环走刀路线

2. 注意事项

①G75是循环指令，循环点X坐标要在毛坯的外面，Z坐标要考虑刀具的宽度。如图4-9所示，若刀宽为4 mm，则循环点坐标为（$X41$，$Z-14$）。

②若在Z向设定偏移量Δd，则在执行循环指令前，必须先加工工艺退刀槽，如图4-10所示。

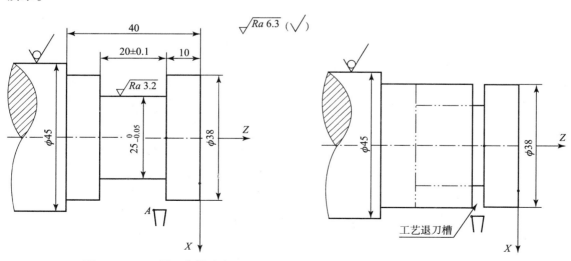

图4-9 G75循环点的确定   图4-10 工艺退刀槽

（二）径向深槽切削循环指令

若刀具只在 X 方向吃刀，即 $\Delta k = 0$，则该指令可用于加工窄深槽，其指令将演变为：

格式：

G75 R(e)；

G75 X(U)__ P(Δi) F__；

程序中：X(U)__——槽底坐标；

　　　　e——退刀量模态值；

　　　　Δi——X 方向每次的切深量，为不带符号的半径值，按最小编程单位输入，是没有

　　　　　　　小数点的数值。

（三）端面切槽循环 G74

格式：

G74　R(e)；

G74　X(U)__ Z(W)__ P(Δi) Q(Δk) R(Δd) F__；

程序中：Δk——Z 方向每次的切深量；

　　　　Δi——刀具完成一次轴向切削后，在 X 方向的偏移量，用不带符号的半径值

　　　　　　　表示；

　　　　Δd——刀具在切削底部的 X 向偏移量，无要求时可省略。

Δi 和 Δk 按最小编程单位输入，不能输入小数点，$\Delta i \leqslant b$，b 为切槽刀的宽度。

（四）深孔钻削循环 G74

若刀具只在 Z 方向切削进给，即 $\Delta i = 0$，则指令将演变为：

格式：

G74　R(e)；

G74　Z(W)__ Q(Δk) F__；

程序中：Z(W)__——钻削深度；

　　　　Δk——每次钻削行程长度，按最小编程单位输入，没有小数点的数值；

　　　　F__——进给速度。

G74 指令钻削循环走刀路线，如图 4 - 11 所示。

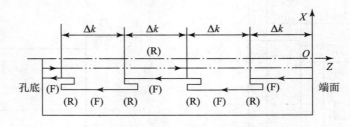

图 4 - 11　G74 钻削循环走刀路线

说明：

①该指令采用往复排屑的方式进行钻孔，用于较深孔的加工。

②每次退刀量 e 值可由数控系统的内部参数来设定。

如图 4 - 12 所示，深孔钻削循环，孔深 80 mm，切削量 20 mm，回退量 5 mm，进给速

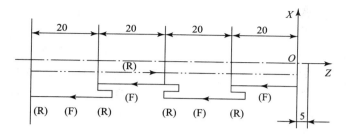

图 4 - 12　钻削零件图

度 0.08 mm/r，主轴转速 400 r/min。

参考程序：

T0101;

M03 S400;

G00 X0. Z5.;

G74 R5.;

G74 Z - 80. Q20000 F0.08;

G00 X50. Z100.;

M30;

二、编程示例

如图 4 - 13 所示，试用切槽循环指令编写加工工件外圆槽和端面槽的加工程序，采用径向切槽刀 T01 与端面切槽刀 T02，刀宽均为 3 mm。

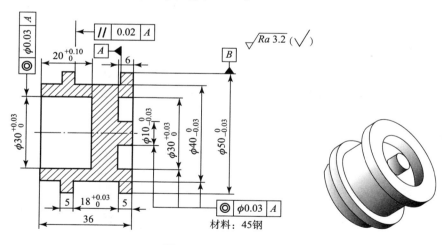

图 4 - 13　示例零件图

参考程序：

O00060;	程序号
...	
G00 X100. Z100.;	换刀点
T0101;	切槽刀

```
M03 S300;                                      主轴旋转
G00 X52．Z-8.2;                                 循环点,Z方向留余量
G75 R1;
G75 X40.5 Z-22.8 P2000 Q2500 F0.2;             循环粗加工外径槽
G00 Z-8;                                        精加工外径槽Z向起点
G01 X39.985 F0.15;                              槽径
W-15.015;                                       槽宽
X52;                                            X向退刀
G00 X100．Z100．;                               换刀点
T0202;                                          换端面切槽刀
G00 X23.8 Z2．;                                 循环点,X方向留余量
G74 R1．;
G74 X10.2 Z-5.8 P2500 Q2000 F0.2;              粗切削端面槽
G00 X24.025;                                    精加工端面槽X方向起点
G01 Z-6 F0.1;                                   槽深
X9.985;                                         槽宽
Z4;                                             Z向退刀
G00 X100．Z100．;                               换刀点
M30;                                            程序结束
```

职业能力训练

🔁 训练目标

①能够正确使用 G75、G74 指令编制任务加工程序;
②能够操作机床运行程序完成加工任务。

🔁 训练条件

①安装宇龙数控仿真软件的电脑;
②CK6136 数控车床;90°外圆车刀;切槽刀;$\phi 45$ mm × 80 mm 毛坯;0 ~ 150 mm 游标卡尺;25 ~ 50 mm 外径千分尺。

🔁 工作流程

分析加工任务——确定工艺方案——相关知识学习——程序编制及仿真训练——设备、毛坯、量具准备——学生实际操作训练——检查、评价。

🔁 实施步骤

①图样分析,确定工艺方案,做出加工计划;

②教师讲授相关知识，学生编制加工程序；

③数控车床仿真训练；

④学生分组操作机床完成零件加工及测量。

同步思考题

4.1 采用 G75 指令进行外沟槽切削加工时，试分析是否可用 G94 代替编程。

4.2 主程序和子程序之间有何区别？

4.3 FANUC 系统数控车床子程序编写格式都相同吗？试比较 FANUC 系统和华中系统子程序的编写格式。

4.4 G04 指令的含义以及在加工中的作用是什么？

4.5 绝对坐标系和增量坐标系的区别是什么？

项目五　螺纹轴类零件数控车削加工

🔄 知识目标

①掌握螺纹加工指令 G32、G92、G76 的格式及应用；
②掌握三角形螺纹的尺寸计算方法；
③掌握螺纹类零件加工工序的制定。

🔄 能力目标

①能够正确安装三角形螺纹车刀和切槽刀，并能对刀；
②能够使用 G32、G92、G76 指令编制数控加工程序；
③能够正确测量螺纹并分析判断螺纹加工质量。

🔄 引导案例

如图 5-1 所示螺纹类零件，螺纹是最常见的连接形式，在日常生产中，螺纹有各种各样的成形方式，以去除材料的方式（如车削）加工螺纹是最常见的加工手段。在这里我们通过完成几个任务，掌握螺纹尺寸的基本计算；掌握 G32、G92、G76 螺纹加工指令编制数控加工程序的特点以及编程的基本规范；掌握螺纹的测量及螺纹环规的正确使用方法。

图 5-1　螺纹轴类零件

任务一　单线螺纹轴的数控车削加工

🔄 任务描述

如图 5-2 所示一轴类零件，要求学生在数控车床上编程加工。通过该零件的加工，能够掌握 G32、G92 指令格式及编程的规范；掌握切槽刀及螺纹刀的安装及对刀方法；掌握螺纹基本尺寸的计算方法。

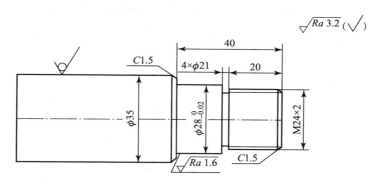

图 5 – 2　加工任务图纸

知识准备

一、螺纹基本知识

（一）螺纹加工的种类
①圆柱螺纹、圆锥螺纹和端面螺纹；
②单线螺纹和多线螺纹，如图 5 – 3 所示；
③左旋螺纹与右旋螺纹，如图 5 – 3 所示；
④公制螺纹与英制螺纹；
⑤粗牙螺纹与细牙螺纹。

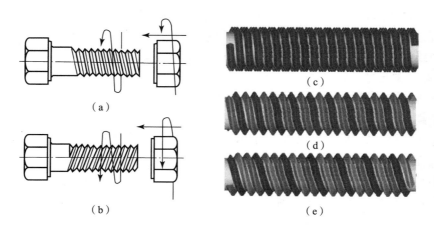

图 5 – 3　螺纹种类
（a）右旋螺纹；（b）左旋螺纹；（c）单线螺纹；（d）双线螺纹；（e）三线螺纹

（二）螺纹的基本参数
螺纹的牙型（见图 5 – 4）、直径、螺距、线数和旋向称为螺纹的五要素。

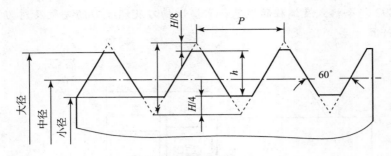

图 5 – 4　螺纹基本牙型

1. 旋向（一般为右旋）

螺纹的旋转方向称为旋向。将外螺纹轴线垂直放置，螺纹可见部分是右高左低则为右旋螺纹（左右手定则：拇指朝上，其他四指表示旋向，拇指指向旋入方向。）

2. 牙型角

在螺纹轴线的剖面上，螺纹的轮廓形状称为牙型。在螺纹牙型上，两相邻牙侧面间的夹角称为牙型角。一般公制螺纹牙型角为 60°、梯形螺纹为 30°、英制螺纹为 55°。

3. 螺纹直径

①大径：外螺纹牙顶、内螺纹牙底相重合的假想的柱面或锥面的直径。

②中径：素线上的牙宽和槽宽相等的假想圆柱的直径。

③小径：外螺纹牙底、内螺纹牙顶相重合的假想的柱面或锥面的直径。

4. 线数

①单线：沿一条螺旋线所形成的螺纹称为单线螺纹；

②多线：沿两条或两条以上轴向等距分布的螺旋线所形成的螺纹称为多线螺纹。

5. 螺距与导程

①螺距：相邻两螺纹牙型对应点间的轴向距离，用 P 表示。

②导程：任一点绕轴线一周后所移动的轴向距离为导程，用 S 表示。$S = NP$，N 为线数，若为单线螺纹则螺距与导程值相等。

（三）螺纹的尺寸计算

三角形螺纹理论尺寸：

牙型全高度：$H = 0.866P$；

标准牙型高度：$h = 5/8H = 0.54125P$；

螺纹大径 = 公称直径；

螺纹中径 = 公称直径 $- 0.6495P$；

螺纹小径 = 公称直径 $- 2h$ = 公称直径 $- 1.0825P$。

注意：P 为螺纹螺距（非螺纹导程）。

如：M30×2 单线螺纹，$P = 2$，牙型高度 $h = 1.0825$，螺纹小径 $= 30 - 2.165 = 27.835$。

M30×2 双线螺纹，$P = 1$，牙型高度 $h = 0.54125$，螺纹小径 $= 30 - 1.0825 = 28.9175$。

注意：

①如图 5 – 5 所示，实际加工时由于螺纹车刀刀具半径的影响，螺纹牙型的实际高度：$h = 0.6495P$（螺纹单边总加工余量），螺纹小径 = 公称直径 $- 1.299P$。

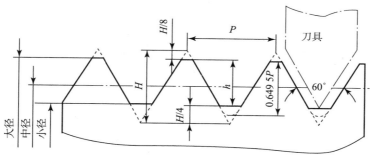

图 5 - 5　螺纹实际切削

②螺纹加工时刀具与工件之间有挤压，使加工出的螺纹大径偏大，不适宜配合，因此实际加工时采用经验值，一般外螺纹大径 = 公称直径 - (0.10 ~ 0.13)P。

（四）普通三角螺纹的工艺结构

1. 螺尾

螺纹末端形成的沟槽渐浅部分称为螺尾。

2. 螺纹退刀槽

为了使所要求长度内的全部螺纹起作用而不产生螺尾，在加工螺纹之前需先加工出供退刀用的槽，即螺纹退刀槽。

3. 螺纹倒角

为了便于装配，在螺纹的始端一般需要加工出一小部分圆锥面，称为倒角。

（五）螺纹编程工艺知识

1. 螺纹旋向

若所选用机床是前置刀架，主轴正转，刀具自右向左进行加工，切削右旋螺纹；反之，刀具由左向右加工，切削左旋螺纹。若所选用机床是后置刀架，主轴旋转，刀具自右向左切削加工，产生左旋螺纹；反之，刀具自左向右进行加工，切削右旋螺纹。

2. 进刀方式

直进法：如图 5 - 6（a）所示，切削时左右刀刃同时切削，产生 V 形铁屑作用于切削刃上，会引起较大作用力。加工时要求切深小、刀刃锋利，适用于一般的螺纹切削，加工螺距 4 mm 以下的螺纹。

斜进法：如图 5 - 6（b）所示，此切入法切削刃承受的弯曲压力小，状态较稳定，侧向进刀时，齿间有足够的空间排出切屑，适宜较大切深，用于加工螺距 4 mm 以上的不锈钢等难加工材料工件或刚性低、易振动工件的螺纹。

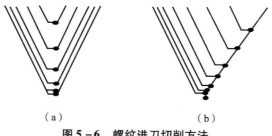

（a）　　　　　　　　　　（b）

图 5 - 6　螺纹进刀切削方法

（a）直进法；（b）斜进法

3. 加工余量

螺纹加工分为粗加工与精加工工序，需进行反复多次切削。

一般第一刀切削量为 0.7 ~ 1.5 mm，依次递减，精加工余量取 0.1 mm 左右。进刀次数根据所需切除的总余量来确定。

螺纹切削总余量（直径值）等于螺纹大径尺寸减去小径尺寸，即牙型高 h 的 2 倍。

计算公式：

螺纹牙高为

$$h = 0.649\ 5P$$

需切除的总余量为

$$2h = 2 \times 0.6495P = 1.299P\ （P\ 为螺距）$$

例如：M30 × 2 mm 螺纹，总加工余量 = 1.299 × 2 = 2.598（mm）≈ 2.6 mm。

4. 进给次数与背吃刀量选择

学习螺纹类零件的车削加工方法，首先应熟悉常用螺纹切削的进给次数与背吃刀量，表 5 - 1 所示为常用螺纹切削的进给次数与背吃刀量，有一定的生产指导意义，操作者应该熟记并学会应用。（注：表中所给数据均为推荐值，编程者可根据自己的经验和实际情况进行选择。）

表 5 - 1　常用螺纹切削的进给次数与背吃刀量　　　　　　　　　　　　mm

螺距		1.0	1.5	2.0	2.5	3.0	3.5	4.0
牙深		0.649	0.974	1.299	1.624	1.949	2.272	2.598
背吃刀量及切削次数	1 次	0.7	0.8	0.9	1.0	1.2	1.5	1.5
	2 次	0.4	0.6	0.6	0.7	0.7	0.7	0.8
	3 次	0.2	0.4	0.6	0.6	0.6	0.6	0.6
	4 次		0.16	0.4	0.4	0.4	0.6	0.6
	5 次			0.1	0.4	0.4	0.4	0.4
	6 次				0.15	0.4	0.4	0.4
	7 次					0.2	0.2	0.4
	8 次						0.15	
	9 次							

5. 主轴转速 n

加工螺纹时会产生较大的切削力，同时主轴每转一圈，刀具进给一个导程，根据公式有：

$$F = nS$$

式中：F——进给速度；

n——主轴转速；

S——螺纹导程。

主轴转速越高，刀具进给速度越快，为避免撞刀，一般车螺纹转速为 400 ~ 500 r/min 或按照经验公式选择。

螺纹车削经验公式：

$$n \leqslant (1\ 200/S) - 80$$

式中：n——主轴转速；

　　　S——螺纹导程。

注意：螺纹切削采用 G97 恒转速切削。

6. 引入距离与超越距离

加工螺纹时，刀具进给速度与主轴转速之间有严格的匹配关系。由于螺纹加工开始有一个加速的过程，结束时有一个减速的过程，而在加、减速过程中主轴转速保持不变，因此在这两段距离内螺距是变化的，所以应留一定的升速进刀距离 δ_1 和减速退刀距离 δ_2，如图 5-7 所示。

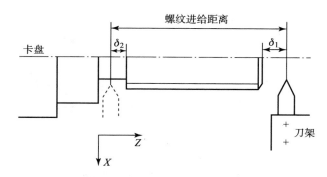

图 5-7　螺纹进刀及退刀示意图

一般 $\delta_1 = 2 \sim 5$ mm，$\delta_2 = (1/4 \sim 1/2)\delta_1$；或按照经验公式：$\delta_1 = 3n_p/1\ 800$，$\delta_2 = n_p/1\ 800$。

7. 螺纹切削刀具

（1）螺纹车刀形状

螺纹车刀是成形刀具，公制螺纹牙型角为 60°，如图 5-8 所示。

（2）螺纹车刀的特点

螺纹车刀的材料，一般有高速钢和硬质合金两种。高速螺纹车刀刃磨比较方便，容易得到锋利的刀尖，而且韧性较好，刀尖不易爆裂。因此，常被用于塑性材料工件螺纹的粗加工。缺点是高温下容易磨损，不能用于高速车削。

图 5-8　公制螺纹车刀

硬质合金螺纹车刀耐磨和耐高温性能比较好，一般用于加工脆性材料工件螺纹，以及批量较大的小螺距（$P < 4$）螺纹。

在数控车床上一般采用可转位内、外普通螺纹车刀，用于加工 60°公制螺纹。该种车刀使用全牙型螺纹刀片，规格有 11、16、22 三大系列，共 60 多种型号，带有特制的修光刃，与刀杆配合使用可满足螺距为 1.0 ~ 6.0 mm 内螺纹以及螺距为 1.25 ~ 6.00 mm 外螺纹的加工需要。

（3）螺纹车刀的安装

螺纹车刀的刀尖角度直接决定了螺纹的成形和螺纹的精度，车刀的刀尖角等于螺纹牙型角 $\alpha = 60°$，其前角 $\gamma_0 = 0$，以保证加工螺纹的牙型角精度，否则牙型角将产生误差。只有进行粗加工或螺纹精度要求不高时，为提高切削性能，其前角才可取为 5° ~ 20°。

安装螺纹车刀时，刀尖对准工件中心，并用样板或万能角度尺对刀，以保证刀尖角的角平分线与工件的轴线垂直，使车出的牙型角不偏斜，如图 5-9 所示。刀尖安装高度与工件轴线等高，以防止硬质合金车刀高速切削时出现扎刀，刀尖允许高于工件轴线百分之一工件直径的高度。

（4）螺纹车刀对刀

X方向对刀：试切工件外圆—刀具原路返回—主轴停止—测量外径 d—按"Offset"软键—输入"Xd"—按"测量"软键；

Z方向对刀：手轮操作，刀具慢慢靠近工件右端面，目测螺纹刀尖与端面平齐—按"Offset"软键—输入"Z0"—按"测量"软键。

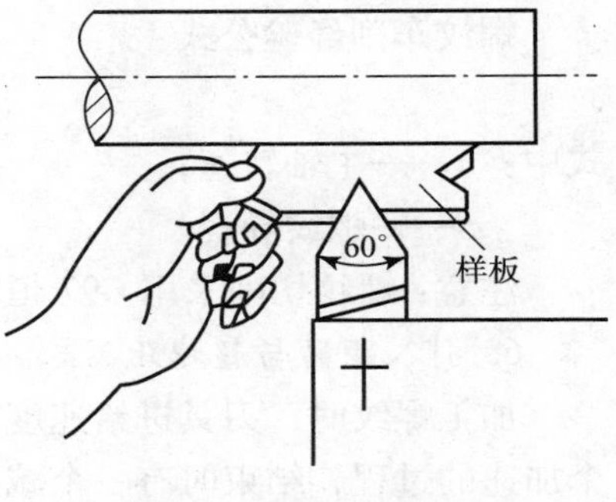

（5）螺纹测量（见图5－10）

图5－9 螺纹车刀安装

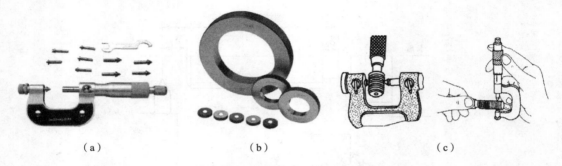

（a） （b） （c）

图5－10 螺纹千分尺及测量方法

（a）螺纹千分尺；（b）螺纹环规；（c）螺纹千分尺测量螺纹尺寸的方法

测量螺纹时一般用游标卡尺测量螺纹的外径及长度、卡丝规测量螺纹螺距、螺纹千分尺测量螺纹中径、螺纹环规（或螺纹塞规）对螺纹进行综合测量。

螺纹环规用于测量外螺纹；螺纹塞规用于测量内螺纹，分为通规和止规，成对使用。测量判定方法：通规通，止规止，则螺纹合格。

注意：在螺纹加工过程中，最好单段运行程序，以便随时监测螺纹尺寸。

二、螺纹切削指令 G32、G92

（一）单行程螺纹切削 G32

该指令可以车削圆柱螺纹、圆锥螺纹、端面螺纹，指令刀具直线移动，使主轴的旋转与刀具的直线移动保持确定的传动关系，即主轴转一转，刀具移动一个导程。该指令采用直进式切削法。

格式：

G32 X(U)__ Z(W)__F__;

程序中：X(U)__,Z(W)__——切削终点坐标（包括退刀距离 δ_2）；

F__——螺纹的导程。

对锥螺纹，其倾角 α 在45°以下时，螺纹的导程以 Z 方向指定；大于45°时，以 X 方向指定。

走刀路线如图5－11所示。

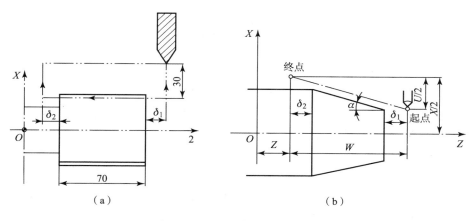

图 5-11　G32 螺纹走刀路线

（a）圆柱螺纹走刀路线；（b）圆锥螺纹走刀路线

编程示例：

如图 5-12 所示 M30 mm × 2 mm 螺纹，引入距离 δ_1 = 4 mm，导出距离 δ_2 = 2 mm。

螺纹牙型高 h = 0.649 5P = 0.649 5 × 2 = 1.299；

螺纹大径 = 公称直径 - 0.1P = 30 - 0.2 = 29.8（mm）；

螺纹小径 = 公称直径 - 2h = 30 - 2.6 = 27.4（mm）；

参考程序：

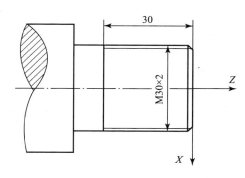

图 5-12　加工零件示意图

O0001;	程序号
...	
G00 X100. Z100.;	换刀点
T0303;	调用螺纹刀及刀补
M03 S500;	主轴旋转
G00 Z4.;	导入行程 4 mm
X29.1;	刀具吃刀, 直径切深 0.9 mm 到第一刀螺纹起点
G32 Z-30. F2;	切削螺纹长度 30 mm
G00 X33.;	X 方向退刀
Z4.;	Z 向返回
X28.5;	第二刀起点, 直径切深 0.6 mm
G32 Z-32. F2;	第二次切削螺纹
G00 X33.;	X 方向退刀
Z4.;	Z 向返回
X27.9;	第三刀起点, 直径切深 0.6 mm
G32 Z-32. F2;	第三次切削螺纹
G00 X33.;	X 方向退刀

Z4.;	Z 向返回
X27.5;	第四刀起点,直径切深 0.4 mm
G32 Z - 32. F2;	第四次切削螺纹
G00 X32.;	X 方向退刀
Z4.;	Z 向返回
X27.4	第五刀起点,切深 0.1 mm
G32 Z - 32. F2;	第五次切削螺纹
G00 X50.;	
Z50.;	
M30;	程序结束

（二）螺纹切削固定循环指令 G92

G92 指令适用于加工内外等距圆柱或圆锥螺纹，指令每指定一次，刀具自动完成一次螺纹切削循环。该指令切削采用直进式切削法。

格式：

①圆柱螺纹：

G92 X(U)__ Z(W)__ F__;

②圆锥螺纹：

G92 X(U)__ Z(W)__ R__ F__;

程序中：X(U)__,Z(W)__——螺纹切削终点坐标；

　　　　F__——螺纹的导程；

　　　　R__——螺纹起点相对于螺纹终点 X 方向的坐标增量，是半径值，有正负，其方向及尺寸的判定同 G90 中 "R" 值，一般不能省略。

循环点 A 的位置，X 方向在毛坯的外面 1～2 mm，Z 方向要考虑螺纹导入距离 δ_1。走刀路线如图 5 - 13 所示。

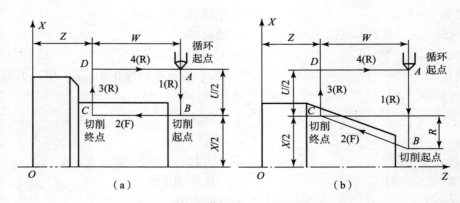

图 5 - 13　G92 螺纹切削循环路线

（a）圆柱螺纹；（b）圆锥螺纹

编程示例：

如图 5 - 14 所示，加工 M30 mm×1.5 mm 外螺纹，引入距离 δ_1 = 4 mm，导出距离 δ_2 = 2 mm。

螺纹牙型高 h = 0.649 5P = 0.649 5 × 1.5 = 0.974 2（mm）；

螺纹大径 = 公称直径 - 0.1P = 30 - 0.15 = 29.85（mm）；

螺纹小径 = 公称直径 - 2h = 30 - 1.948 5 = 28.05（mm）。

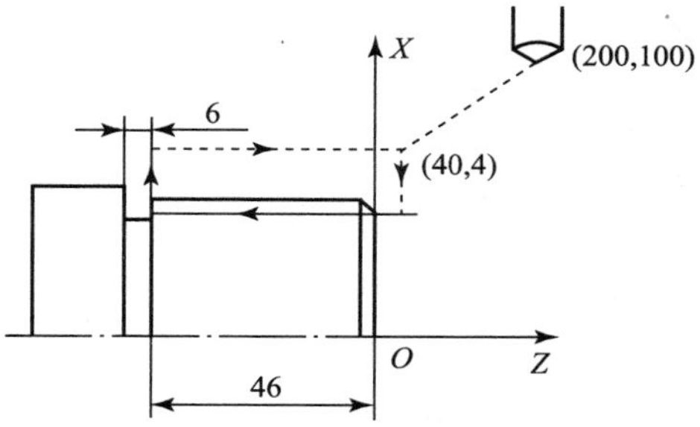

图 5 - 14 加工零件示意图

参考程序：

O0001；	程序号
...	
G00 X200．Z100．；	换刀点
T0303；	调用螺纹刀及刀补
M03 S500；	主轴旋转
G00 X40．Z4．；	循环点
G92 X29.1 Z - 48．F1.5；	第一刀螺纹循环，切深 0.9 mm，导出 2 mm
X28.5；	第二刀螺纹循环，切深 0.6 mm，
X28.15；	第三刀螺纹循环，切深 0.35 mm
X28.05；	第四刀螺纹循环，切深 0.1 mm
G00 X200．；	退刀
Z50．；	换刀点
M30；	程序结束

职业能力训练

训练目标

①能够正确安装螺纹刀具，并能对刀；
②能够正确计算螺纹牙高及小径尺寸；
③能够应用 G32、G92 指令编制数控程序完成零件加工。

训练条件

①安装宇龙数控仿真软件的电脑；
②CK6136 数控车床；90°外圆车刀；4 mm 切槽刀；60°螺纹车刀；ϕ35 mm×80 mm 毛坯；0~150 mm 游标卡尺；25~50 mm 外径千分尺；M24 mm×2 mm 螺纹环规。

工作流程

分析零件图纸——确定工艺方案——相关知识学习及仿真训练——设备、毛坯、量具准备——教师现场讲授螺纹车刀的安装和对刀方法——学生实际操作训练——教师现场讲授螺纹环规的使用、螺纹误差分析及消除方法——检查、评价。

🔄 实施步骤

①图样分析，确定工艺方案，做出加工计划；
②教师讲授相关知识，学生编制加工程序；
③数控车床仿真训练；
④教师现场讲授螺纹车刀的安装及对刀方法；
⑤学生分组操作机床完成零件加工；
⑥教师现场讲授螺纹环规的使用、螺纹误差分析及消除方法。

🔄 注意事项

为防止螺纹乱扣现象并保证安全，加工螺纹时主轴转速不能太高。

任务二   双线螺纹轴的数控车削加工

🔄 任务描述

如图 5 – 15 所示一螺纹轴，要求学生用数控程序自动运行完成零件加工。通过该零件的加工，能够掌握 G76 复合循环指令的意义及基本编程规范；掌握内螺纹尺寸计算及编程特点；了解中心孔的加工及尾座的使用；进一步熟悉工件掉头装夹找正的操作。

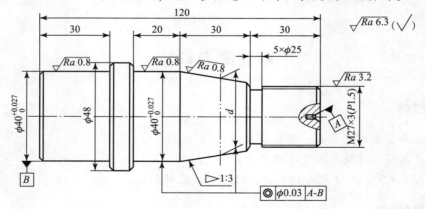

图 5 – 15   加工任务图纸

🔄 知识准备

一、螺纹切削复合循环指令 G76

（一）指令格式

格式：

G76 P(m) (r) (α) Q($\Delta d_{\min}$) R(d);

G76 X(U)__ Z(W)__ R(i) P(k) Q(Δd) F(L);

程序中：m——精车次数，1～99，模态值；

　　　　r——螺纹的尾端退刀量，是螺纹导程的 0.1～9.9 倍，以 0.1 为一挡逐步增加，设定时用 00～99 间的两位数表示，若 $r = 10$，表示实际尾端退刀量为 $0.1 \times 10 \times L$；

　　　　α——刀尖角度，公制螺纹为 60，模态值；

　　　　$\Delta d_{\min}$——最小车削深度，半径值编程，无小数点，单位是 μm；

　　　　d——精加工余量（半径值编程、带小数点、有正负之分，外螺纹为正，内螺纹为负）；

　　　　i——锥螺纹起、终端的半径差（包括导入与导出长度）；

　　　　k——螺纹高度（X 轴方向上的牙高）半径值指令，$k = 0.6495P$，无小数点，单位为 μm；

　　　　Δd——第一次切削深度，无小数点，单位为 μm；

　　　　F__——螺纹的导程 L。

　　　　X(U)__，Z(W)__——螺纹切削终点的坐标值。

G76 指令参数示意图如图 5 – 16 所示。

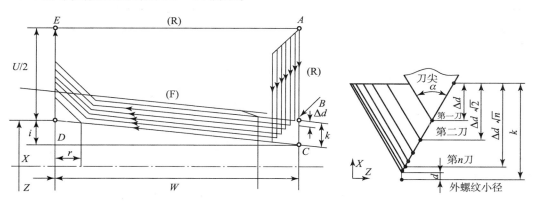

图 5 – 16　G76 指令参数示意图

（二）特点

G76 一般采用斜进式切削法。由于单侧刃加工，故加工刀刃容易损伤和磨损，使加工的螺纹面不直，刀尖角发生变化，造成牙型精度较差。但由于其为单侧刃工作，刀具负载较小，排屑容易，并且切削深度为递减式，因此，该加工方法一般适用于大螺距螺纹的加工。

（三）注意事项

①m、r、α 用地址 P 同时指定。如：$m = 2$、$r = 15$、$\alpha = 60°$ 可表示为 P021560，其中 "0" 不可以省略；

②指令中，P、Q 地址后面的数值应表示为无小数点的形式，而 R 地址符后面数字必须表示为小数点形式。

（四）编程示例：

1. 双头外螺纹加工

如图 5 – 17 所示加工示例。

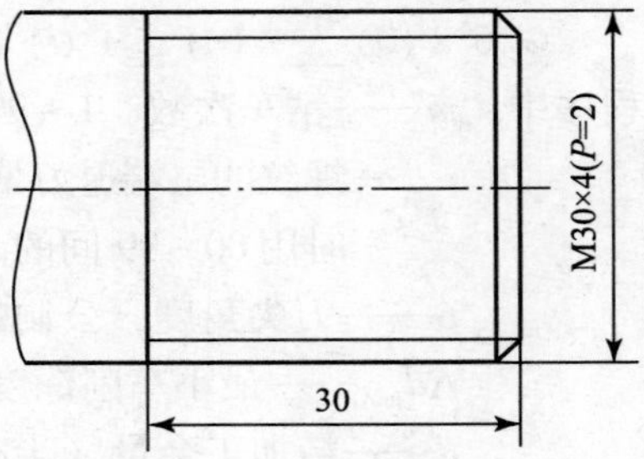

螺纹导程 $L = 4$；螺距 $P = 2$；公称直径 $= 30$ mm；

螺纹牙型高 $h = k = 0.649\ 5P = 0.649\ 5 \times 2 = 1.299$（mm）；

螺纹大径 $=$ 公称直径 $-0.1P = 30 - 0.2 = 29.8$（mm）；

螺纹小径 $=$ 公称直径 $-2h = 30 - 2.598 = 27.402$（mm）。

设定精加工次数 $m = 2$，退刀量 $r = 10$，最小车削深度 $\Delta d_{min} = 0.2$ mm，精加工余量 $d = 0.05$ mm；

第一次切削深度 $\Delta d = 0.45$ mm，引入距离 $\delta_1 = 6$ mm。

图 5 – 17 示例编程零件图

（1）参考程序（G76 编程）

O0022;	程序号
T0101;	调用螺纹刀具
M03 S450;	主轴旋转
G00 X35. Z6.;	第一条螺纹循环点
G76 P021060 Q200 R0.05;	螺纹复合循环
G76 X27.402 Z – 30. R0 P1299 Q450 F4;	
G00 Z8.;	第二条螺纹循环点
G76 P021060 Q200 R0.05;	螺纹复合循环
G76 X27.402 Z – 30. R0 P1299 Q450 F4.;	
G00 X100. Z100.;	换刀点
M30;	程序结束

（2）参考程序（G92 编程）

O0021;	程序号
T0101;	
M03 S450;	
G00 X35. Z6.;	第一条螺纹循环点
G92 X29.1 Z – 30. F4;	
X28.5;	
X27.9;	
X27.5;	
X27.402;	
X27.402;	
G00 Z8.;	第二条螺纹螺纹循环点
G92 X29.1 Z – 30. F4;	
X28.5 ;	
X27.9;	
X27.5;	
X27.402;	
X27.402;	
G00 X100. Z100.;	换刀点

M30;　　　　　　　　　　　　　　　　　　　　程序结束

2. 内螺纹加工

图 5 - 18 所示为内螺纹加工示例及内螺纹尺寸关系。

（1）螺纹理论尺寸

螺纹导程 L = 螺距 P = 2；

螺纹大径 = 公称直径 = 30 mm；

螺纹理论牙高 h = 0.541 25P = 0.541 25 × 2 = 1.082 5（mm）；

螺纹理论小径 = 公称直径 - 2h = 30 - 2.165 = 27.835（mm）；

（2）螺纹实际尺寸

螺纹实际牙高 k = 0.649 5P = 0.649 5 × 2 = 1.299（mm）；

螺纹实际大径 = 公称直径 + 1/4H = 公称直径 + 0.866/4P = 公称直径 + 0.216P

　　　　　　　= 30 + 0.432 = 30.432（mm）；

螺纹实际小径 = 公称直径 - P = 30 - 2 = 28（mm）。

设定精加工次数 m = 2，退尾量 r = 10，最小车削深度 Δd_{min} = 0.15 mm，精加工余量 d = 0.08 mm，第一次切削深度 Δd = 0.3 mm，引入距离 δ_1 = 4 mm。

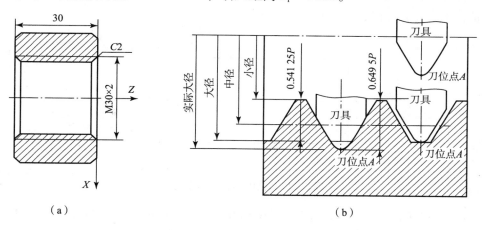

（a）　　　　　　　　　　　　　　　　　　　（b）

图 5 - 18　内螺纹示例图

（a）内螺纹编程示例图；（b）内螺纹尺寸关系

若毛坯底孔为 ϕ25 mm，参考程序如下：

O0406;	程序号
G99 G97 G40 G21;	安全初始化
T0101;	内孔刀
G00 X100. Z100.;	换刀点
M03 S600;	主轴旋转
G00 X23. Z3.;	内孔循环点
G90 X27.5 Z -32 F0.2;	粗车内孔
G00 X36.;	
G01 Z0 F0.3;	倒角起点
X28.,C2;	逗号编程倒角

Z -32;	加工螺纹小径
X25.;	退刀
G00 Z4.;	返回
G00 X100.Z100;	换刀点
T0303;	换螺纹刀
M03 S500;	主轴旋转
G00 X26.Z4.;	螺纹循环点
G76 P021060 Q150 R-0.08;	螺纹复合循环
G76 X30.432 Z-32.P1299 Q300 F2.;	
G00 X100.Z100.;	换刀点
M30;	程序结束

二、工艺路线的确定

(一) 装夹工件,钻中心孔

将工件装夹在三爪卡盘上,保证装夹牢固可靠,车削两端面,保证总长 120 mm,一端用中心钻钻中心孔,如图 5-19 所示。

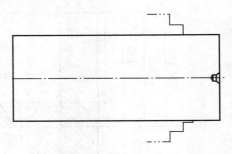

图 5-19　钻中心孔工序示意图

注意:钻中心孔时,主轴旋转速度一般在 1 000 r/min,不能太低,同时,工件端面要齐平。

(二) 车削精基准

将工件重新装夹,尾座顶尖支撑,车削外圆 $\phi49$ mm 作为精基准,如图 5-20 所示。

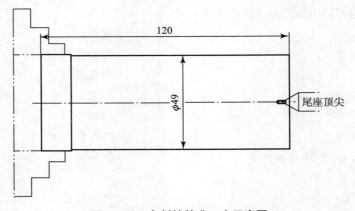

图 5-20　车削精基准工序示意图

（三）精车工件左端

工件掉头，装夹 $\phi49$ 外圆，注意夹持长度，要保证左端加工长度尺寸要求，如图 5 – 21 所示。注意 $\phi48$ mm 台阶长度应大于图纸要求尺寸。

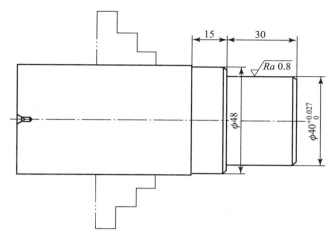

图 5 – 21　车削左端工序示意图

（四）车削工件右端

工件掉头，打表找正，车削工件右端，尺寸达到图纸要求，如图 5 – 22 所示。

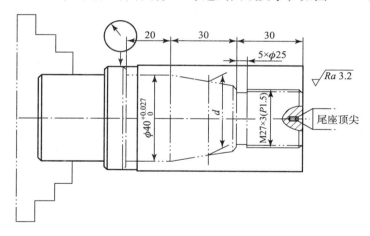

图 5 – 22　车削右端工序示意图

职业能力训练

训练目标

① 能够正确使用 G76、G92 指令编制双线螺纹以及内螺纹的程序；
② 能够正确计算双线外螺纹以及内螺纹各部分尺寸；
③ 能够正确使用螺纹千分尺测量螺纹的中径。

训练条件

①安装宇龙数控仿真软件的电脑；

②CK6136 数控车床；90°外圆车刀；4 mm 切槽刀；60°螺纹车刀；ϕ50 mm×125 mm 毛坯；0～150 mm 游标卡尺；25～50 mm 外径千分尺；25～50 mm 螺纹千分尺。

工作流程

分析加工任务——确定工艺方案——相关知识学习——程序编制及仿真训练——设备、毛坯、量具准备——教师现场讲授螺纹千分尺的使用方法——学生实际操作训练——检查、评价。

实施步骤

①图样分析，确定工艺方案，做出加工计划；

②教师讲授相关知识，学生编制加工程序；

③数控车床仿真训练；

④教师现场教授螺纹千分尺的使用方法；

⑤学生分组操作机床，老师巡回指导中心孔的钻削以及尾座顶尖的操作。

注意事项

①工件装夹有尾座支撑时，换刀点在 Z 方向位置的设定要避免刀架与尾座相撞；

②螺纹切削时，首先要手动观察刀具与顶尖是否有安全距离；

③要合理控制中心孔的加工深度，一般钻至中心钻60°锥面2/3处。

同步思考题

5.1　根据螺纹公称标注如何确定螺纹小径？

5.2　G32 指令、G92 指令与 G76 指令有何区别？

5.3　计算螺纹的加工长度时，应包括哪些内容？为什么？

5.4　简述螺纹刀具的对刀过程。

5.5　车螺纹时为什么要分多次吃刀？

5.6　如何检验螺纹是否合格？

项目六　轴套类零件数控车削加工

🔃 知识目标

①掌握内孔加工程序编制的规范及规律；
②掌握内外轮廓加工工艺制定方法；
③掌握内孔加工切削用量的合理选择；
④了解内孔的加工方法及刀具的选择。

🔃 能力目标

①能够使用相应指令合理编制内孔加工程序；
②能够正确安装内孔刀具，并能对刀；
③能够正确使用内孔量具测量工件并进行质量分析。

🔃 引导案例

图6-1所示为相互配合的轴套类零件，在实际生产中，轴与内孔配合性质不同可满足不同的使用要求，内孔加工也是常见的生产方式。在这里我们通过加工任务的完成，主要掌握内孔的加工特点；掌握内孔刀的安装及对刀；掌握编制内孔数控加工程序特点以及编程的基本规范。

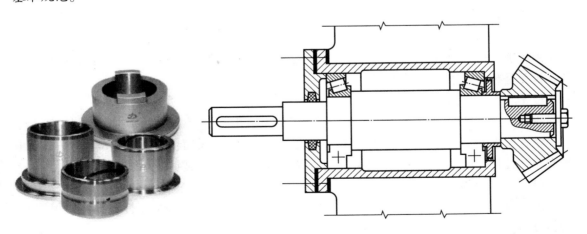

图6-1　轴套类零件

任务一 轴套的数控车削加工

任务描述

图6-2所示为一轴套类零件，要求学生在数控车床上对其进行编程加工。通过对该零件的加工，能够掌握内孔编程的规范；掌握内孔刀的安装及对刀方法；认识内孔测量器具并掌握其使用方法。

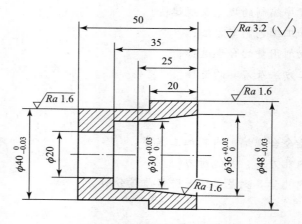

图6-2 轴套加工任务图纸

知识准备

一、内孔加工工艺方案的确定

（一）内孔加工方法

内孔加工方法有很多种：钻孔、扩孔、铰孔、镗孔、磨孔、拉孔等。钻孔、扩孔、铰孔、镗孔是数控车床上加工内孔的方法。

1. 钻孔

用钻头（见图6-3）在工件实体部位加工称为钻孔。

钻孔属粗加工，可达到的尺寸公差等级为IT11～IT12，表面粗糙度值为$Ra12.5\ \mu m$。由于麻花钻较长，钻芯直径小而刚性差，又有横刃的影响，故用其钻孔有以下工艺特点：

（1）钻头容易偏斜

由于横刃的影响，其定心不准，切入时钻头容易引偏，且钻头的刚性和导向作用较差，切削时钻头容易弯曲。

（2）孔径容易扩大

钻削时钻头两切削刃径向力不等、卧式车床钻孔时的引入偏斜以及钻头本身的径向跳动均会造成孔径扩大。

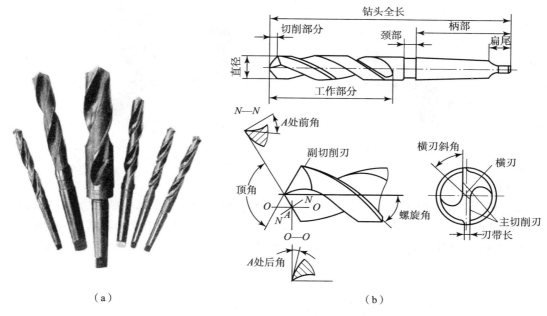

（a） （b）

图6-3 钻头及其结构

（3）孔的表面质量较差

钻孔切屑较宽，在孔内卷成螺旋状，流出时与孔壁发生摩擦从而刮伤已加工表面。

（4）钻削时轴向力大

这主要是由钻头的横刃引起的。因此，当钻孔直径大于30 mm时，一般分两次进行钻削，第一次钻出（0.5~0.7）d，第二次钻到所需直径。

2. 扩孔

扩孔是用扩孔钻对已钻出的孔做进一步加工，以扩大孔径并提高精度和降低表面粗糙度。由于扩孔时的加工余量较少及扩孔刀上导向块的作用，扩孔后的形状误差较小，孔径圆柱度和直线度都较好。扩孔可达到的尺寸公差等级为IT11~IT10，表面粗糙度值为Ra12.5~6.3 μm，属于孔的半精加工方法，常用于直径为10~100 mm的孔的加工。精度要求较高或生产批量较大时应用扩孔，扩孔加工余量为0.4~0.5 mm。

如图6-4所示的扩孔钻的结构与麻花钻相比有以下特点：

①刚性较好，由于扩孔的背吃刀量小，切屑少，扩孔钻的容屑槽浅而窄。

②钻芯直径大，增加了扩钻孔工作部分的刚性。

③导向性好，扩孔钻有3~4个刀齿，刀具周边的棱数多，导向作用相对增强。

④切屑条件较好。扩孔钻无横刃参加切削，切削轻快，可采用较大的进给量，生产率较高；又因切屑少，排屑顺利，故不易刮伤已加工表面。

扩孔与钻孔相比，加工精度高，表面粗糙度值较低，且可在一定程度上校正钻孔的轴向误差。

图 6-4 扩孔钻

3. 铰孔

铰孔是从工件孔壁上切削微量金属层，以提高其尺寸精度和表面粗糙度的方法。铰孔精度等级可达到 IT8 ~ IT7，表面粗糙度值 Ra 为 $1.6 ~ 0.8\ \mu m$，适用于孔的半精加工及精加工。如图 6-5 所示铰刀是定尺寸刀具，有 4 ~ 12 个切削刃，刚性和导向性比扩孔钻更好，适用于加工中小直径孔。

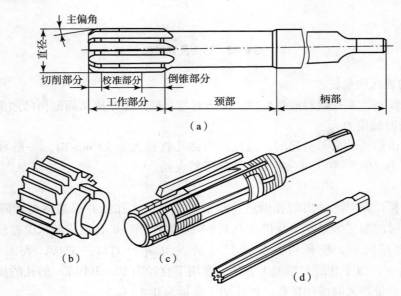

图 6-5 几种铰刀

（a）锥柄机用铰刀；（b）套式机用铰刀；（c）可调节手用铰刀；（d）锥度铰刀

铰孔之前，工件应经过钻孔、扩孔等加工。一般铰刀齿数根据直径和加工精度进行选择，见表 6-1。

表 6-1 铰刀齿数选择

铰刀直径/mm		1.5 ~ 3.0	3 ~ 14	14 ~ 40	>40
齿数	一般加工精度	4	4	6	8
	高加工精度	4	6	8	10 ~ 12

·114·

铰孔方式有手铰和机铰两种，一般铰削余量很小，具体参见表6-2。

表6-2　铰孔余量（直径量）　　　　　　　　　　　　　mm

内孔直径	$\phi8$	$\phi8 \sim \phi21$	$\phi21 \sim \phi32$	$\phi32 \sim \phi50$	$\phi50 \sim \phi70$
铰削余量	0.1 ~ 0.2	0.15 ~ 0.25	0.2 ~ 0.3	0.25 ~ 0.35	0.25 ~ 0.35

铰削时采用低切削速度，以免产生积屑瘤和引起振动，一般粗铰 $v_c = 4 \sim 10$ m/min，精铰 $v_c = 1.5 \sim 5.0$ m/min。机铰的进给量比钻孔时高3~4倍，一般取0.5~1.5 mm/r。

4. 镗孔

镗孔是加工孔比较经济的方法，广泛用于单件、小批量生产中。生产中非标准孔、大直径孔、精度高的短孔和不通孔等，一般采用镗削的加工方式。镗孔公差等级一般可达IT9~IT6，表面粗糙度值 Ra 为3.2~0.4 μm。

采用镗削加工圆柱内孔时，内孔镗刀切削角度和刀具的刃磨方法与外圆车刀基本相同。如图6-6所示，几种镗孔刀具用于加工不同结构的内孔。由于刀具尺寸受孔径尺寸的限制，装夹部分结构要求简单、紧凑，紧固以及调整螺钉最好不外露，以免与孔产生干涉，刀杆使用悬臂，刚性较差。

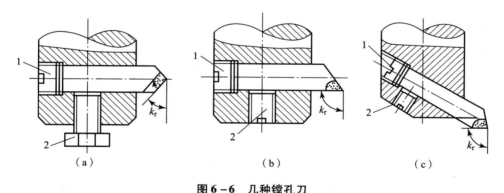

图6-6　几种镗孔刀
（a）通孔车刀；（b）阶梯孔镗刀；（c）盲孔镗刀
1—调节螺钉；2—紧固螺钉

5. 拉孔

拉孔是高效率的精加工内孔的方式，其加工出的内孔互换性强，可达到的公差等级为IT9~IT7，表面粗糙度值 Ra 为1.6~0.4 μm。

（二）孔加工常用方法选择

①对于直径大于30 mm的已铸出或锻出的毛坯孔的孔加工，一般采用粗镗—半精镗—精镗的加工方案。

②对于直径小于30 mm无底孔的孔加工，通常采用锪平端面—打中心孔—钻孔—扩孔—孔口倒角—铰孔的加工方案；对有同轴度要求的小孔，需采用锪平端面—打中心孔—钻孔—半精镗—孔口倒角—精镗（或铰）加工方案。参见表6-3。

表6-3　孔加工方法参考

孔的精度	有无预孔	孔尺寸/mm				
		0~φ12	φ12~φ20	φ20~φ30	φ30~φ60	φ60~φ80
IT9~IT11	无	钻—铰	钻—扩		钻—扩—镗（或铰）	
	有	粗扩—精扩或粗镗—精镗（余量少可一次性扩孔或镗孔）				
IT8	无	钻—扩—铰	钻—扩—精镗（或铰）		钻—扩—粗镗—精镗	
	有	粗镗—半精镗—精镗（或精铰）				
IT7	无	钻—粗铰—精铰	钻—扩—粗铰—精铰或钻—扩—粗镗—精镗			
	有	粗镗—半精镗—精镗				

（三）内孔车削刀具的安装及对刀

1. 内孔车刀的选择

根据孔加工形式的不同划分为：通孔车刀和盲孔车刀。

（1）通孔车刀

通孔车刀的主偏角一般取60°~75°，如图6-7（a）所示。

（2）盲孔车刀

盲孔车刀的主偏角大于90°，一般取92°~95°，车削内孔端面时，为避免干涉，刀尖与刀杆外端的距离a应小于内孔半径R，如图6-7（b）所示。

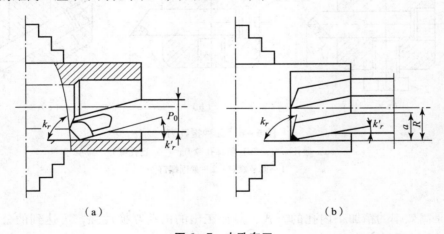

（a）　　　　　　　　（b）

图6-7　内孔车刀

（a）通孔车刀；（b）盲孔车刀

2. 内孔刀安装

①安装内孔车刀时，车刀刀尖的高度应对准回转中心，可采用试切断面或根据尾座顶尖高低找正。选择不同厚度的刀垫垫在刀杆下面，垫片数量一般为2~3块。

②内孔车刀在安装时，要注意避免刀杆与加工内孔产生干涉。

3. 内孔刀对刀

①X方向对刀：与外圆刀对刀步骤相同，不同的是要试切内孔表面，并测量内孔尺寸D。

②Z方向对刀：如图6-8所示，手轮操作，内孔刀具慢慢靠近工件右端面，目测刀尖

与端面平齐——按"Offset"软键——输入"Zβ"
(与外圆刀相同)——按"测量"软键，完成 Z 方
向的对刀。

（四）加工顺序的确定原则

在安排内外轮廓加工顺序时，一般遵循以下
原则：

①基准先行的原则；

②便于装夹的原则；

③保证工件足够强度的原则；

④保证工件形位精度的原则。

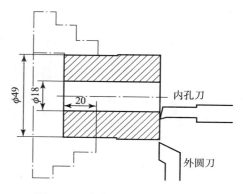

图 6 - 8　内孔刀 Z 向对刀示意图

（五）切削用量的选择

1. 钻孔切削用量

钻削是粗加工，切削力较大，故应避免钻头折断，切削用量的选择参见表 6 - 4。

表 6 - 4　高速钢钻头加工钢件切削用量

钻头 直径/mm	$\sigma_b = 520 \sim 700$ MPa （35、45 钢）		$\sigma_b = 700 \sim 900$ MPa （15Cr、20Cr 钢）		$\sigma_b = 1\,000 \sim 1\,100$ MPa （合金钢）	
	$v_c/(\text{m} \cdot \text{min}^{-1})$	$F/(\text{mm} \cdot \text{r}^{-1})$	$v_c/(\text{m} \cdot \text{min}^{-1})$	$F/(\text{mm} \cdot \text{r}^{-1})$	$v_c/(\text{m} \cdot \text{min}^{-1})$	$F/(\text{mm} \cdot \text{r}^{-1})$
≤6	8 ~ 25	0.05 ~ 0.10	12 ~ 30	0.05 ~ 0.10	8 ~ 15	0.03 ~ 0.08
>6 ~ 12	8 ~ 25	0.1 ~ 0.2	12 ~ 30	0.1 ~ 0.2	8 ~ 15	0.08 ~ 0.15
>12 ~ 22	8 ~ 25	0.2 ~ 0.3	12 ~ 30	0.2 ~ 0.3	8 ~ 15	0.15 ~ 0.25
>22 ~ 30	8 ~ 25	0.30 ~ 0.45	12 ~ 30	0.3 ~ 0.4	8 ~ 15	0.25 ~ 0.35

2. 内孔车削切削用量

内孔加工受排屑困难、散热条件差、刀具强度低、不便于观察等条件限制，切削用量比
外圆切削要小，参考表 6 - 4。

（1）背吃刀量 a_p 的确定

一般粗加工背吃刀量可选择 1.5 ~ 2.0 mm，精加工可取 0.2 ~ 0.4 mm。

（2）进给量（FANUC 数控系统默认 G99 指令）

粗车时 $F = 0.2 \sim 0.4$ mm/r，精车时 $F = 0.08 \sim 0.15$ mm/r。

（3）主轴转速 n 的确定

经验公式：外圆转速 ×0.8。

一般粗加工转速为 60 ~ 80 m/min，精加工转速为 80 ~ 100 m/min。

二、工件测量

用游标卡尺及 25 ~ 50 mm 千分尺测量工件的外圆直径及长度；用万能角度尺测量圆锥
角度；用内径百分表测量内孔尺寸，并用补偿修正加工误差。

（一）内径千分尺

测量时，内径千分尺在孔内摆动，在径向找到最大值，即为测量尺寸。该量具一般测量
直径大于 30 mm 的内孔，如图 6 - 9 所示。

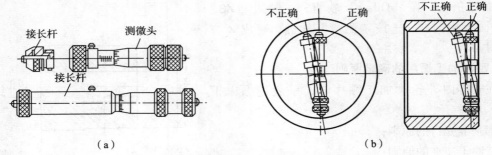

（a） （b）

图 6 – 9 内径千分尺及使用方法

（二）内径百分表

如图 6 – 10 所示，内径百分表由测架 1、弹簧 2、杆 3、定心器 4、测量头 5、触头 6 和摆动块 7 组成。

内径百分表用于测量精度要求较高、较深的内孔。测量时，触头在孔内摆动，找到最大尺寸即为测量值，如图 6 – 11 所示。

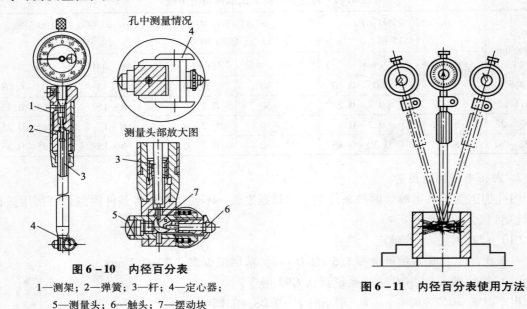

图 6 – 10 内径百分表

1—测架；2—弹簧；3—杆；4—定心器；
5—测量头；6—触头；7—摆动块

图 6 – 11 内径百分表使用方法

（三）内测千分尺

如图 6 – 12 所示，内测千分尺由固定爪 1 和活动爪 2 组成，可用于测量直径为 5～30 mm 的孔。

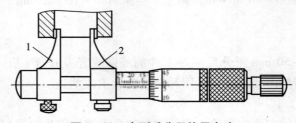

图 6 – 12 内测千分尺使用方法

1—固定爪；2—活动爪

三、示例编程

（一）示例 1

如图 6-13（a）所示图例，工件底孔直径为 $\phi25$ mm，使用固定循环 G90 编制内孔加工程序。

参考程序：

O0001；	程序号
G99 G97 G40 G21；	安全初始化
T0202；	调用内孔刀及刀补
M03 S600；	主轴旋转
G00 X100 Z100；	安全换刀点
Z3；	靠近工件
X23；	循环点 A
G90 X28 Z-32 F0.2；	内孔第一刀车至 $\phi28$ mm
X29.5；	内孔第二刀车至 $\phi29.5$ mm
S800；	转速提高
G00 X40；	
G01 Z0 F0.2；	倒角起点
X30.015,C2 F0.1；	倒角交点
Z-32；	切削内孔
X28；	退刀
G00 Z4；	刀具返回
X100. Z100；	换刀点
M30；	程序结束

注意：循环点 X 坐标值一定比毛坯孔直径小 1~2 mm。

（二）示例 2

如图 6-13（b）所示图例，工件底孔直径为 $\phi25$ mm，使用复合循环指令 G71、G70 编制内孔加工程序。

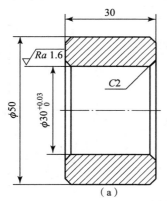 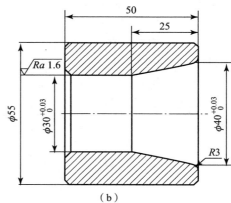

图 6-13　内孔编程示例

参考程序：

O0001;	程序号
G99 G97 G40 G21;	安全初始化
T0202;	调用内孔刀及刀补
M03 S600;	主轴旋转
G00 X100 Z100;	安全换刀点
Z3;	靠近工件
X23;	循环点
G71 U1.5 R1;	粗加工循环参数设定
G71 P1 Q2 U-0.5 W0 F0.2	
N1 G00 G41 X50 S800;	精加工路线第一段，加刀尖半径补偿
G01 Z0 F0.2;	倒角起点
X40.015,R3 F0.1;	倒角交点
X30.015 Z-25;	切削内锥
Z-52;	切削圆柱孔
N2 X23;	精加工结束段
G70 P1 Q2;	精加工循环
G00 G40 X100.Z100;	换刀点，取消补偿
M30;	程序结束

注意：G71 复合循环指令 X 方向精加工余量 $U(\Delta i)$ 必须是负值。

四、拓展训练

如图 6-14 所示零件，综合分析，利用所学知识制定工艺方案，合理使用编程指令编制程序。

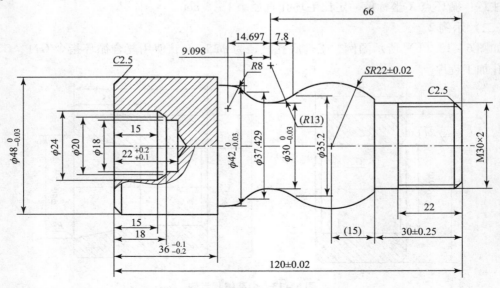

图 6-14　综合零件编程

职业能力训练

训练目标

①能够正确安装钻头和内孔刀，并能对刀；
②能够合理使用 G71、G70 指令编制内孔加工程序；
③能够正确使用内径百分表测量工件。

训练条件

①安装宇龙数控仿真软件的电脑；
②CK6136 数控车床；90°外圆车刀；内孔刀；φ55 mm×55 mm 毛坯；0～150 mm 游标卡尺；25～50 mm 外径千分尺；18～50 mm 内径百分表；0°～320°万能角度尺。

工作流程

分析零件图纸——确定工艺方案——相关知识学习及仿真训练——设备、毛坯、量具准备——教师现场讲授钻头安装、内孔刀的安装及对刀方法——学生实际操作训练——教师现场演示内孔的测量——检查、评价。

实施步骤

①图样分析，确定工艺方案，做出加工计划；
②教师讲授相关知识，学生编制加工程序；
③数控车床仿真训练；
④教师现场讲授钻头和内孔刀的安装及对刀方法；
⑤学生分组操作机床完成零件加工；
⑥教师现场讲授内径百分表的使用方法。

注意事项

①内孔刀选择时，刀杆粗细要与内孔直径匹配，既不能太粗与工件发生干涉，又不能太细影响强度；同样刀杆长度应与孔深度相匹配。
②与外圆刀相比，因内孔刀刀杆较长，应适当设置换刀点，以避免刀具撞到机床主轴或工件表面。

同步思考题

6.1　内孔有几种加工方式？各有何特点？

6.2　内孔加工相对于外圆加工有何特点？切削用量的选择有何变化？

6.3　选择内孔刀具应注意什么问题？如何安装？如何对刀？

6.4　内孔有几种测量方法？简述内径百分表的使用方法。

6.5　G71 复合循环指令加工内孔时，其参数如何制定？

附录 1 题   库

一、判断题

机床精度及维护部分（共 24 题）

1. 对于长期封存的数控机床，最好不要每周通电。

   命题难度 A　　答案 ×

2. 机床的几何精度对加工精度有重要的影响，因此是评定机床精度的主要指标。

   命题难度 C　　答案 √

3. 为了及时通风，应在加工时经常开启机床柜及电柜门，以防柜内温度过高。

   命题难度 A　　答案 ×

4. 润滑剂有润滑油、润滑脂和固体润滑剂。

   命题难度 B　　答案 √

5. 机床精度调整时首先要精调机床床身的水平。

   命题难度 B　　答案 √

6. 数控机床如长期不用时最重要的日常维护工作是保持干燥。

   命题难度 B　　答案 ×

7. 定期检查、清洗润滑系统，添加或更换油脂油液，使丝杆、导轨等运动部件保持良好的润滑状态，目的是降低机械的磨损。

   命题难度 B　　答案 √

8. 数控系统出现故障后，如果了解故障的全过程并确认通电对系统无危险，就可通电进行观察，检查故障。

   命题难度 A　　答案 √

9. 数控机床常用平均故障间隔时间作为其可靠性的定量指标。

   命题难度 B　　答案 √

10. 衡量数控机床可靠性的指标之一是平均无故障时间，用 $MTBF$ 表示。

    命题难度 C　　答案 √

11. 数控机床具有自动润滑系统和自动排屑装置，因此不像普通机床那样每天需要清扫和加油。

    命题难度 C　　答案 ×

12. 数控机床的重复定位精度比定位精度高，是为了保证加工零件的精度。

    命题难度 C　　答案 √

13. 数控车床适宜加工轮廓形状特别复杂的或难以控制尺寸的回转体零件、箱体零件及精度要求高的回转体类零件和特殊的螺旋类零件等。

命题难度 D　　答案√

14. 数控车床车外圆时，若主切削力的方向与工件的轴线不重合，将会影响到工件的稳固性。

命题难度 B　　答案√

15. 由于数控车床具有直线和圆弧插补功能，所以可以车削任意直线和曲线组成的形状复杂的回转体零件。

命题难度 C　　答案√

16. 数控机床适用于单品种、大批量的生产。

命题难度 C　　答案×

17. 在数控机床上加工零件，应尽量选用组合夹具和通用夹具装夹工件，避免采用专用夹具。

命题难度 B　　答案√

18. 数控机床加工过程中可以根据需要改变主轴速度和进给速度。

命题难度 D　　答案√

19. 车床主轴编码器的作用是防止切削螺纹时乱扣。

命题难度 B　　答案√

20. 数控车床可以车削直线、斜线、圆弧、公制和英制螺纹、圆柱管螺纹、圆锥螺纹，但是不能车削多线螺纹。

命题难度 B　　答案×

21. 同一工件，无论用数控机床加工还是用普通机床加工，其工序都一样。

命题难度 B　　答案×

22. 数控系统每发出一个脉冲，工作台相应移动的距离称为脉冲当量。

命题难度 C　　答案√

23. 机床参考点是数控机床上固有的机械原点，该点到机床坐标原点在进给坐标轴方向上的距离可以在机床出厂时设定。

命题难度 D　　答案√

24. 润滑剂有润滑、冷却、防锈和密封作用等。

命题难度 D　　答案√

图纸部分（共 6 题）

25. 标注锥度符号的尖端应指向锥体的小端。

命题难度 C　　答案√

26. 机械制图中标注绘图比例为 2∶1，表示所绘制图形是放大的图形，其绘制的尺寸是零件实物尺寸的 2 倍。

命题难度 B　　答案√

27. 零件图中的尺寸标注要求完整、正确、清晰、合理。

命题难度 C　　答案√

28. 画图比例 1∶5，表示图形比实物放大五倍。

命题难度 D　　答案×

29. M24×2 表示螺纹公称直径为 24、导程为 2 的单头公制螺纹。

命题难度 B　　答案√

30. 图样分析主要包括零件的形状、尺寸精度以及表面质量三个方面。

命题难度 C　　答案√

加工工艺部分（共 50 题）

31. 扩孔能提高孔的位置精度。

命题难度 B　　答案√

32. 铰孔能提高孔的位置精度。

命题难度 B　　答案×

33. 夹紧装置的作用是将工件压紧夹牢，保证工件在加工过程中受到外力（切削力等）作用时不离开已经占据的正确位置。

命题难度 D　　答案√

34. 车刀磨损、车床间隙不会影响加工精度。

命题难度 D　　答案×

35. 工件定位中，限制的自由度数少于六个的定位一定不会是过定位。

命题难度 C　　答案×

36. 轴向夹紧夹具可减少薄壁零件的变形。

命题难度 B　　答案√

37. 工艺基准分为粗基准和精基准。

命题难度 C　　答案×

38. 编程粗、精车螺纹时，主轴转速可以改变。

命题难度 A　　答案×

39. 铰孔的切削速度与钻孔的切削速度相等。

命题难度 B　　答案×

40. 设计基准与定位基准不重合对加工精度没有影响。

命题难度 D　　答案×

41. 碳素工具钢和合金工具钢用于制造中、低速成型刀具。

命题难度 A　　答案√

42. 可转位数控螺纹车刀每种规格的刀片只能加工一个固定螺距。

命题难度 B　　答案×

43. 主轴转速应根据允许的切削速度和工件（或刀具）直径来确定。

命题难度 B　　答案√

44. 如果工件的六个自由度用六个支撑点与工件接触使其完全消除，则该工件在空间的位置就完全确定。

命题难度 A　　答案×

45. 数控刀具应具有较长的寿命和较高的刚度、良好的材料热脆性、断屑性能及可调、易更换等特点。

命题难度 D　　答案√

46. 工件在夹具中或机床上定位时，用来确定加工表面与机床刀具的相对位置的表面（平面或曲面）称为定位基准。

命题难度 B　　答案√

47. 同一工件，无论用数控车床加工还是用普通车床加工，其工序都一样。

命题难度 B　　答案×

48. 工件材料强度和硬度较高时，为保证刀刃强度，应采取较小前角。

命题难度 A　　答案√

49. 在数控车床上加工零件，首先要考虑的是工艺问题。

命题难度 C　　答案√

50. 在数控车床上车削锥面和端面时，如果转速恒定不变，则车削后的表面粗糙度 Ra 值一致，如果采用恒线速，车削后的表面粗糙度值比较大。

命题难度 B　　答案×

51. 对表面粗糙度要求较高的表面，应确定用恒转速切削。

命题难度 C　　答案√

52. 当加工精度、表面粗糙度要求较高时，进给速度应选得大些。

命题难度 C　　答案×

53. 根据基准功能不同，基准可以分为设计基准与工艺基准两大类。

命题难度 C　　答案√

54. 加工零件在数控编程时，首先应确定数控机床，然后分析加工零件的工艺特性。

命题难度 B　　答案×

55. 轴类零件加工时，本着基面先行原则，先加工中心孔，再以中心孔为精基准加工外圆和端面。

命题难度 C　　答案√

56. 由于数控机床加工零件时，加工过程是自动的，所以选择毛坯余量时，要考虑足够的余量和余量均匀。

命题难度 D　　答案√

57. 车削细长轴时，应选择较大的主偏角。

命题难度 A　　答案√

58. 高速钢车刀的韧性虽然比硬质合金车刀好，但也不能用于高速切削。

命题难度 B　　答案√

59. 铰孔能提高孔的形状精度但不能提高位置精度。

命题难度 C　　答案√

60. 金属切削主运动可由工件完成，也可由刀具完成。

命题难度 D　　答案√

61. 车一对互配的内外螺纹，配好后螺母掉头却拧不进，分析原因是内外螺纹的牙型角都倾斜而造成的。

命题难度 B　　答案√

62. 影响切削速度的主要因素是加工零件的精度。

命题难度 A　　答案×

63. 一个或一组工人，在一个工作地点对同一个或同时对几个工件所完成的那一部分工艺过程称为工步。

命题难度 C   答案 ×

64. 当数控加工程序编制完成后即可进行正式加工。

命题难度 C   答案 ×

65. 因为毛坯表面的重复定位精度差，所以粗基准一般只能使用一次。

命题难度 C   答案 √

66. 车削外圆柱面和车削套类工件时，它们的切削深度和进给量通常是相同的。

命题难度 B   答案 ×

67. 为了保证工件达到图样所规定的精度和技术要求，夹具上的定位基准应与工件上的设计基准、测量基准尽可能重合。

命题难度 C   答案 √

68. 为了防止工件变形，夹紧部位要与支撑对应，不能在工件悬空处夹紧。

命题难度 C   答案 √

69. 刀具切削部位材料的硬度必须大于工件材料的硬度。

命题难度 D   答案 √

70. 切削用量中，影响切削温度最主要的因素是切削速度。

命题难度 B   答案 √

71. 积屑瘤的产生在精加工时要设法避免，但对粗加工有一定的好处。

命题难度 C   答案 √

72. 在切削时，车刀溅火星属于正常现象，可以继续切削。

命题难度 B   答案 ×

73. 套类工件因受刀体强度、排屑状况的影响，所以每次切削深度要少一点，进给量要慢一点。

命题难度 C   答案 √

74. 切断实心工件时，工件半径应小于切断刀刀头长度。

命题难度 B   答案 √

75. 数控机床对刀具材料的基本要求是高的硬度、高的耐磨性、高的红硬性及足够的强度和韧性。

命题难度 C   答案 √

76. 工艺尺寸链中，组成环可分为增环与减环。

命题难度 C   答案 √

77. 薄壁零件在粗车时，夹紧力应大些；精车时，夹紧力应小些。

命题难度 B   答案 √

78. 当刀尖位于主切削刃最低点时，车刀的刃倾角为正值。

命题难度 A   答案 √

79. 螺纹车刀安装正确与否直接影响加工后的牙型质量。

命题难度 B   答案 √

80. 粗车削应选用刀尖半径较小的车刀片。

命题难度 B   答案 ×

机床操作部分（共 25 题）

81. 机床操作面板上用于程序更改的键是"ALTER"。

命题难度 B　　答案√

82. 数控机床在程序自动运行中不能切换显示画面。

命题难度 A　　答案×

83. 数控车床刀具损坏后换一把相同规格的刀具，仍旧需要重新对刀。

命题难度 C　　答案√

84. 一般情况下操作数控机床时，操作者不可以戴手套。

命题难度 C　　答案√

85. 大部分数控车床开机后必须要进行回零操作。

命题难度 C　　答案√

86. 为防止换刀时碰撞零件或夹具，换刀点常设置在被加工零件的外面，并要有一定的安全量。

命题难度 D　　答案√

87. 数控加工过程中可以根据需要改变主轴速度和进给速度。

命题难度 B　　答案√

88. 操作人员不得随意修改数控机床的各类参数。

命题难度 C　　答案√

89. 尾座轴线偏移，打中心孔时不会受影响。

命题难度 B　　答案×

90. 当屏幕上出现"EMG"提示时，主要原因是程序出错。

命题难度 A　　答案×

91. 在 CRT/MDI 面板的功能键中，用于程序编辑的键是"POS"键。

命题难度 C　　答案×

92. 当数控车床急停后，必须进行返回参考点的操作来建立坐标系。

命题难度 D　　答案√

93. 计算机操作系统中文件系统最基本的功能是实现按名存取。

命题难度 C　　答案√

94. 按数控系统操作面板上的"RESET"键复位后就能消除报警信息。

命题难度 B　　答案×

95. 参数设定的正确与否将直接影响到机床的正常工作及机床性能的充分发挥。

命题难度 C　　答案√

96. 按下与超程方向相同的点动按钮，可使机床脱离极限位置回到工作区间。

命题难度 A　　答案×

97. 在同等切削条件下，手动夹紧的夹具比机动夹紧的夹具需要更大的夹紧力。

命题难度 B　　答案×

98. 切断刀安装时应使主刀刃略高于主轴中心。

命题难度 C　　答案√

99. 切削时严禁用手摸刀具或工具。

命题难度 D   答案√

100. 数控机床在输入程序时，不论何种系统，坐标值不论是整数还是小数都不必加入
小数点。

命题难度 C   答案×

101. 数控机床必须在编辑工作方式下输入程序。

命题难度 C   答案√

102. 刀具补偿寄存器内只允许存入正值。

命题难度 B   答案×

103. 数控机床的机床坐标原点和机床参考点是重合的。

命题难度 C   答案×

104. 机床参考点在机床上是一个浮动的点。

命题难度 B   答案×

105. 数控装置的作用是将收到的信号进行一系列处理后，再将其处理成脉冲信号向伺
服系统发出执行命令。

命题难度 B   答案√

程序编制部分（共115题）

106. 用螺纹加工指令G32加工螺纹时，一般要在螺纹两端设置进刀距离与退刀距离。

命题难度 B   答案√

107. G72指令的循环路线与G71指令的不同在于它是沿X轴方向进行车削循环加工的。

命题难度 A   答案√

108. 模态码就是续效代码，G00、G03、G17、G41是模态码。

命题难度 C   答案√

109. 数控车床的F功能的单位有每分钟进给量和每转进给量。

命题难度 B   答案√

110. G00、G01、G02、G03属于同组指令。

命题难度 D   答案√

111. 在刀尖圆弧补偿中，刀尖方向不同，那么刀尖方位号也不同。

命题难度 A   答案√

112. 螺纹每层加工的轴向起刀点位置可以改变。

命题难度 A   答案×

113. 参考点是机床上的一个固定点，与加工程序无关。

命题难度 C   答案√

114. 非模态代码只在指令它的程序段中有效。

命题难度 D   答案√

115. 用G04指令可达到减小加工表面粗糙度值的目的。

命题难度 A   答案√

116. 直接根据机床坐标系编制的加工程序不能在机床上运行，所以必须根据工件坐标
系编程。

命题难度 C   答案×

117. 辅助功能 M00 为无条件程序暂停，执行该程序指令，自动运行停止，且所有模态信息全部丢失。

命题难度 B   答案 ×

118. 数控车床通过回零操作可以建立机床坐标系。

命题难度 D   答案 √

119. 数控机床在输入程序时，不论是何种数控系统，坐标值都是整数且不必加入小数点。

命题难度 C   答案 ×

120. 在循环加工时，当执行有 M00 指令的程序段后，如果要继续执行下面的程序，必须按"进给保持"按钮。

命题难度 A   答案 ×

121. 数控车床上一般将工件坐标系原点设定在零件右端面或左端面中心上。

命题难度 B   答案 √

122. 刀具磨损补偿值的设定方法之一是先测得误差值，然后将其输入到系统的刀具磨耗补偿单元中，系统就会将这个量累加到原先设定的补偿值中。

命题难度 B   答案 √

123. 执行 G90 指令的加工过程包括刀具从循环起点快速定位到切削起点、直线切削、退刀、快速返回循环起点四个过程。

命题难度 C   答案 √

124. 从螺纹的粗加工到精加工，主轴的转速必须保持恒定。

命题难度 B   答案 √

125. G00 和 G01 的运行轨迹都一样，只是速度不一样。

命题难度 C   答案 ×

126. G73 指令适用于加工铸造、锻造已成型毛坯零件。

命题难度 A   答案 √

127. 换刀点常设置在被加工的零件的外面，并要有一定的安全量。

命题难度 C   答案 √

128. FANUC 系统中螺纹指令"G92 X41.0 W−43.0 F1.5;"是指以 1.5 mm/min 的速度加工螺纹。

命题难度 B   答案 ×

129. 在固定循环 G90 切削过程中，M、S、T 功能可改变。

命题难度 C   答案 ×

130. 利用刀具磨耗补偿功能能提高加工精度。

命题难度 B   答案 √

131. 数控车床加工螺纹零件时也必须有退刀槽，只是与普通车床相比退刀槽可以窄些。

命题难度 B   答案 ×

132. M02 与 M30 都是程序结束指令，意义相同。

命题难度 D   答案 √

133. 数控机床中 G03 表示顺时针方向旋转，G02 表示逆时针方向旋转。

命题难度 B　　答案 ×

134. Tab 中 a 代表刀补号，b 代表刀具号。

命题难度 B　　答案 ×

135. 圆弧插补指令 G02、G03 中，I、K 地址的值无方向，用绝对值表示。

命题难度 A　　答案 ×

136. 构成零件轮廓的各相邻几何元素的交点或切点为节点。

命题难度 B　　答案 ×

137. G00 指令可以用于切削加工。

命题难度 D　　答案 ×

138. X1234.56 是由 8 个字符组成的一个程序字。

命题难度 C　　答案 √

139. 刀具补偿程序段内有 G00 或 G01 功能才有效。

命题难度 C　　答案 √

140. G01 为模态指令，可由 G00、G02、G03 功能指令注销。

命题难度 B　　答案 √

141. 如果在 G01 程序段之前的程序段没有 F 指令，则机床不运动。

命题难度 B　　答案 √

142. 被加工零件的径向尺寸在图样上和测量时都是直径值，所以数控车床一般用直径值进行编程。

命题难度 C　　答案 √

143. 当按下电源"ON"时，可同时按"CRT"面板上的任何键。

命题难度 B　　答案 ×

144. 在编辑工作方式下，可实现数控零件加工程序的输入。

命题难度 C　　答案 √

145. G00 程序段中，不需要编写 F 指令。

命题难度 C　　答案 √

146. G00 使刀具以机床规定的速度快速移动到目标点，与进给速度无关。

命题难度 C　　答案

147. 指令 U、X 不能出现在同一程序段号中。

命题难度 B　　答案 √

148. G00 指令的格式是"G00 X(U)＿ Z(W)＿ F＿;"。

命题难度 C　　答案 ×

149. 复合循环指令主要应用于工件加工余量较大的情况。

命题难度 B　　答案 √

150. M03 S800 表示主轴反向旋转速度 800 r/min。

命题难度 C　　答案 ×

151. 数控车床，G99 表示机床默认刀具进给速度为 mm/r。

命题难度 B　　答案 √

152. M99 是子程序结束指令。

命题难度 B   答案√

153. G90 指令主要适用于零件端面切削循环。

命题难度 A   答案×

154. G73 指令主要适用于棒料车削阶梯较大的轴。

命题难度 B   答案×

155. 使用 G71 粗加工时，在 ns～nf 程序段中的 F、S、T 是有效的。

命题难度 A   答案√

156. 数控机床在程序自动运行中，一旦发现异常情况，应立即使用紧急停止按钮。

命题难度 C   答案√

157. 在精车循环 G70 状态下，在 ns～nf 程序段中指定的 F、S、T 无效。

命题难度 B   答案×

158. 顺时针圆弧插补 G02 和逆时针插补 G03 判别方向的方法是：沿着不在圆弧平面内的坐标轴正方向向副方向看去，顺时针方向为 G02，逆时针方向为 G03。

命题难度 B   答案√

159. 刀尖圆弧补偿是在车锥度和圆弧时，对由于刀尖圆弧半径形成的实际轮廓和理论轮廓的差值进行补偿。

命题难度 B   答案√

160. 刀位点是指确定刀具与工件相对位置的基准点。

命题难度 C   答案√

161. 机床参考点是数控机床上固有的位置，该点到机床坐标原点在进给坐标轴方向上的距离在机床出厂时已经设定。

命题难度 C   答案√

162. 快速点定位指令只能控制点到点的准确定位，不能控制两点间的运动轨迹是一条直线。

命题难度 A   答案√

163. 对于整圆，其起点和终点重合，用 R 编程无法定义，所以只能用圆心坐标编程。

命题难度 B   答案√

164. 数控车床编程有绝对值和增量值编程，使用时不能将它们放在同一程序段中。

命题难度 C   答案×

165. G04 是非模态 G 代码。

命题难度 C   答案√

166. 圆弧形车刀的切削刃圆弧半径可以大于零件凹形轮廓上的最小半径。

命题难度 B   答案×

167. 当数控加工程序编制完成后即可进行正式加工。

命题难度 C   答案×

168. G00、G01 指令都能使机床坐标轴准确定位，因此它们都是直线插补指令。

命题难度 A   答案×

169. 圆弧插补用半径编程时，当圆弧所对应的圆心角大于180°时半径取负。

命题难度 B   答案√

170. 直线插补格式为"G01 X__ Y__;"。
命题难度 C　　答案 ×

171. 圆弧插补中，为编程简单一般优先选用 R 编程，而不采用圆心坐标编程。
命题难度 B　　答案 √

172. 加工过程中测量尺寸可在程序中编入 M00 指令。
命题难度 C　　答案 √

173. X 坐标的圆心坐标符号一般用 "I" 表示。
命题难度 B　　答案 √

174. M03 指令表示主轴正转。
命题难度 D　　答案 √

175. 一个主程序中只能有一个子程序。
命题难度 A　　答案 ×

176. 子程序的编写方式必须是增量方式。
命题难度 B　　答案 ×

177. 程序段的顺序号，根据数控系统的不同，在某些系统中是可以省略的。
命题难度 C　　答案 √

178. Y 坐标的圆心坐标符号一般用 "J" 表示。
命题难度 C　　答案 √

179. 非模态指令只能在本程序段内有效。
命题难度 D　　答案 √

180. 顺时针圆弧插补 G02 和逆时针圆弧插补 G03 的判别方向是：沿着不在圆弧平面内的坐标轴正方向向负方向看去，顺时针方向为 G02，逆时针方向为 G03。
命题难度 A　　答案 √

181. 顺时针圆弧插补 G02 和逆时针圆弧插补 G03 的判别方向是：沿着不在圆弧平面内的坐标轴负方向向正方向看去，顺时针方向为 G02，逆时针方向为 G03。
命题难度 B　　答案 ×

182. 数控车床的特点是 Z 轴进给 1 mm，零件的直径减小 2 mm。
命题难度 C　　答案 ×

183. 数控车床加工球面工件是按照数控系统编程的格式要求，写出相应的圆弧插补程序段。
命题难度 C　　答案 √

184. 数控车床的刀具功能字 T 既指定了刀具数，又指定了刀具号。
命题难度 A　　答案 ×

185. 数控机床工件坐标原点只能设定在一处。
命题难度 C　　答案 ×

186. 机床坐标系对一台机床来讲是固定不变的。
命题难度 D　　答案 √

187. 经过试加工验证的数控加工程序就能保证零件加工合格。
命题难度 C　　答案 ×

188. 外圆粗车循环方式适用于加工棒料毛坯除去较大余量的切削。

命题难度 B　　答案√

189. 刀具补偿功能包括刀补的建立、刀补的执行和刀补的取消三个阶段。

命题难度 B　　答案√

190. 编制数控加工程序时一般以机床坐标系作为编程的坐标系。

命题难度 C　　答案×

191. 车床上保持切削速度一致的方法是恒线速度切削。

命题难度 C　　答案√

192. 螺纹加工时的导入距离一般大于一个螺距。

命题难度 A　　答案√

193. 同组指令可以编制在同一程序段内。

命题难度 C　　答案×

194. 螺纹加工时应尽可能提高转速，以提高加工效率。

命题难度 B　　答案×

195. 零件图上各元素之间的连接点称为基点。

命题难度 C　　答案√

196. Z 坐标的圆心坐标符号一般用"K"表示。

命题难度 B　　答案√

197. 与主轴轴线平行或重合的轴是 Z 轴。

命题难度 C　　答案√

198. 预防数控加工故障的方法之一是机床锁定，空运行校验。

命题难度 B　　答案√

199. 不同的数控车床可以选不同的数控系统，但数控加工程序指令都是相同的。

命题难度 C　　答案×

200. 通常在命令或编程时，不论何种机床，都一律假定刀具静止不动。

命题难度 C　　答案√

201. 绝对编程和增量编程不能在同一程序中混合使用。

命题难度 C　　答案×

202. 数控车床一般假定刀具远移工件的方向是坐标的正方向。

命题难度 D　　答案√

203. 数控车床用恒线速度控制加工端面、锥度和圆弧时，必须限制主轴的最高转速。

命题难度 B　　答案√

204. 数控车床的刀具补偿功能有刀尖半径与刀具位置补偿。

命题难度 A　　答案√

205. 刀具补偿寄存器内只允许存入正值。

命题难度 C　　答案×

206. 编制数控加工程序时一般以机床坐标系作为编程的坐标系。

命题难度 B　　答案×

207. 从 $A(X0，Z0)$ 到 $B(X38.6，Z-41.8)$，分别使用 G00 及 G01 指令运动，其刀具

路径相同。

命题难度 C　　答案 ×

208. G40 是数控编程中的刀具左补偿指令。

命题难度 C　　答案 ×

209. 同组模态 G 代码可以放在同一个程序段中，而且与顺序无关。

命题难度 B　　答案 ×

210. 建立刀具补偿后，可用 T00 来撤销补偿。

命题难度 C　　答案 √

211. G04 P2 表示暂停 2 s。

命题难度 B　　答案 ×

212. 外圆粗车循环方式适合加工已基本铸造或锻造成形的工件。

命题难度 C　　答案 ×

213. T0100 表示 1 号刀具，无刀补。

命题难度 B　　答案 √

214. 数控车床取消刀补应采用 G40 代码，"G40 G02 X20.0 Y0 R10.0;"，该程序段执行后刀补被取消。

命题难度 A　　答案 ×

215. 程序"N100 G02 G41 X20.0 Y0 R10;"是正确的。

命题难度 B　　答案 ×

216. 插补运动的实际插补轨迹始终不可能与理想轨迹完全相同。

命题难度 A　　答案 √

217. FANUC 系统中程序运行是按照程序段号的大小顺序进行的。

命题难度 B　　答案 ×

218. 数控机床的标准坐标系是以右手笛卡尔法则来确定的。

命题难度 C　　答案 √

219. "M98 P30015;"表示调用子程序 O0015，3 次。

命题难度 B　　答案 √

220. 数控机床工件坐标系是通过对刀建立的。

命题难度 D　　答案 √

公差配合部分（共 15 题）

221. 尺寸公差用于限制尺寸误差，其研究对象是尺寸；而形位公差用于限制几何要素的形状和位置误差，其研究对象是几何要素。

命题难度 B　　答案 √

222. 基孔制的孔为基准孔，它的下偏差为零。基孔制的代号为"H"。

命题难度 C　　答案 √

223. 孔、轴公差带由基本偏差的字母和标准公差等级数字表示。

命题难度 B　　答案 √

224. 从制造角度讲，基孔制的特点就是先加工孔，基轴制的特点就是先加工轴。

命题难度 A　　答案 √

225. 公差等级的原则是：在满足使用性能要求的前提下，选用较高的公差等级。
    命题难度 C   答案 ×

226. 基本偏差决定公差的位置。
    命题难度 C   答案 √

227. 未注线性尺寸公差一般用于较低精度的非配合尺寸。
    命题难度 B   答案 √

228. 基本偏差是一定的孔的公差带与不同基本偏差的轴的公差带形成各种配合的一种制度，称为基孔制。
    命题难度 B   答案 √

229. 在一般情况下应优先选用基孔制。
    命题难度 D   答案 √

230. 零件的加工精度包括尺寸精度、形状精度和位置精度。
    命题难度 C   答案 √

231. ϕ45H7 表示基本尺寸 45、公差等级 7 级的基准轴。
    命题难度 C   答案 ×

232. 最大极限尺寸与基本尺寸的代数差为上偏差。
    命题难度 B   答案 √

233. 公差就是加工零件实际尺寸与图纸尺寸的差值。
    命题难度 A   答案 ×

234. 表面粗糙度参数 Ra 值越大，表示表面粗糙度要求越低；Ra 的值越小，表示表面粗糙度要求越高。
    命题难度 B   答案 √

235. 零件加工尺寸一定，其公差值越小，加工难度越高。
    命题难度 D   答案 √

零件检测部分（共 7 题）

236. 塞规材料的硬度略低于工件材料硬度，可以避免工件表面被拉伤。
    命题难度 A   答案 ×

237. 用内径百分表测量内孔时，必须摆动内径百分表，所得最大尺寸是孔的实际尺寸。
    命题难度 B   答案 ×

238. 使用千分尺时，采取等温措施将千分尺和被测件保持同温，这样可以减少温度对测量结果的影响。
    命题难度 B   答案 √

239. 内螺纹的小径可用游标卡尺或者千分尺测量。
    命题难度 C   答案 √

240. 把一个轴类零件装夹在车床的三爪卡盘上，旋转工件一周，用百分表检查圆度误差，测量结果的直径最大值和最小值之差的一半即为被检工件测量截面的圆度误差。
    命题难度 C   答案 √

241. 车削螺纹，中径超差的原因可能是进刀深度不够。

命题难度 B　　答案√

242. 游标卡尺、千分尺在使用前，应做归零检验。

命题难度 C　　答案√

材料及热处理部分（共 8 题）

243. 高速钢刀具具有良好的淬透性、较高的强度、韧性和耐磨性。

命题难度 B　　答案√

244. 高速钢是一种含合金元素较多的工具钢，由硬度和熔点很高的碳化物和金属黏结剂组成。

命题难度 A　　答案×

245. YT 类硬质合金中含钛量增多，刀片硬度提高，耐热性更好，但脆性必增加。

命题难度 A　　答案√

246. 硬质合金是合金材料，由硬度与熔点很高的碳化物和金属黏结剂组成。

命题难度 C　　答案√

247. 硬质合金是一种耐磨性好。耐热性高，抗弯强度和冲击韧性都较高的一种刀具材料。

命题难度 B　　答案×

248. 调质处理是淬火加低温回火的热处理工艺总称，以获得适宜的强度与韧性的良好配合。

命题难度 C　　答案√

249. 热处理调质工序一般安排在粗加工之后、半精加工之前进行。

命题难度 D　　答案√

250. 零件铸造成型后宜采用退火处理，从而改善其切削加工性能。

命题难度 C　　答案√

二、选择题

图纸部分（共 15 题）

251. 标注线性尺寸时，尺寸数字的方向应优选（　　）。

　　A. 水平方向　　　　B. 垂直方向　　　C. 在尺寸线上方　　　D. 随尺寸线方向变化

命题难度 B　　答案 A

252. 普通三角螺纹的牙型角为（　　）。

　　A. 30°　　　　　　B. 40°　　　　　C. 55°　　　　　　　D. 60°

命题难度 D　　答案 D

253. 普通三角螺纹牙深与（　　）相关。

　　A. 螺纹外径　　　　　　　　　B. 螺距

　　C. 螺纹外径和螺距　　　　　　D. 与螺纹外径和螺距都无关

命题难度 A　　答案 B

254. 螺纹有五个基本要素，它们是（　　）。

　　A. 牙型、公称直径、螺距、线数和旋向

　　B. 牙型、公称直径、螺距、旋向和旋合长度

C. 牙型、公称直径、螺距、导程和线数

D. 牙型、公称直径、螺距、线数和旋合长度

命题难度 C 答案 A

255. 工程制图标题栏的位置，应置于图纸的（ ）。

  A. 右上方   B. 右下方   C. 左上方   D. 左下方

  命题难度 D 答案 B

256. 零件图的（ ）的投影方向应能最明显地反映零件图的内外结构形状特征。

  A. 俯视图   B. 主视图   C. 左视图   D. 右视图

  命题难度 A 答案 B

257. 图标中对图样中除角度以外的尺寸的标注一般以（ ）为单位。

  A. 厘米   B. 英寸   C. 毫米   D. 米

  命题难度 B 答案 C

258. 局部视图的断裂边界应以（ ）表示。

  A. 波浪线   B. 虚线   C. 点画线   D. 细实线

  命题难度 B 答案 A

259. 三视图中，主视图和左视图应（ ）

  A. 长对正   B. 高平齐

  C. 宽相等   D. 位在左（摆在主视图左边）

  命题难度 B 答案 B

260. 在 M20 – 6H/6g 中，6H 表示内螺纹公差代号，6g 表示（ ）公差带代号。

  A. 大经   B. 小径   C. 中径   D. 外螺纹

  命题难度 B 答案 C

261. 俯视图反映物体的（ ）的相对位置关系。

  A. 上下和左右 B. 前后和左右 C. 前后和上下 D. 左右和上下

  命题难度 C 答案 B

262. 零件有上、下、左、右、前、后六个方位，在主视图上能反映零件的（ ）方位。

  A. 上下和左右 B. 前后和左右 C. 前后和上下 D. 左右和上下

  命题难度 C 答案 A

263. 由直线和圆弧组成的平面轮廓，编程时数值计算的主要任务是求各（ ）坐标。

  A. 节点   B. 基点   C. 交点   D. 切点

  命题难度 C 答案 B

264. 剖视图可分为全剖、局部和（ ）。

  A. 旋转   B. 阶梯   C. 斜剖   D. 半剖

  命题难度 A 答案 D

265. 螺纹标记 M241.5 – 5g6g，5g 表示中径公差等级为（ ），基本偏差的位置代号为（ ）。

  A. g，6 级   B. g，5 级   C. 6 级，g   D. 5 级，g

  命题难度 B 答案 D

机床操作及维护部分（共 49 题）

266. 数控程序手工输入中的删除键是（　　）。
　　A. INSRT　　　　B. ALTER　　　C. DELET　　　　D. POS
　　命题难度 B　　　答案 C

267. 工件坐标的零点一般设在（　　）。
　　A. 机床零点　　　B. 换刀点　　　C. 工件的端面　　　D. 卡盘根
　　命题难度 A　　　答案 C

268. 数控机床加工依赖各种（　　）。
　　A. 位置数据　　　　　　　　B. 模拟量信息
　　C. 准备功能　　　　　　　　D. 数字化信息
　　命题难度 B　　　答案 D

269. "CNC" 含义是（　　）。
　　A. 数控控制　　　　　　　　B. 计算机数字控制
　　C. 网络控制　　　　　　　　D. 自适应控制
　　命题难度 C　　　答案 B

270. 确定数控机床坐标系统运动关系的原则是假定（　　）。
　　A. 刀具相对静止的工件而运动　　B. 工件相对静止的刀具而运动
　　C. 刀具、工件都运动　　　　　　D. 刀具、工件都不运动
　　命题难度 C　　　答案 B

271. 数控机床工作，当发生任何异常现象需要紧急处理时应该启动（　　）
　　A. 程序停止功能　B. 暂停功能　　C. 紧停功能　　　D. 程序复位功能
　　命题难度 D　　　答案 C

272. 冷却作用最好的切削液是（　　）。
　　A. 水溶液　　　　B. 乳化液　　　C. 切削油　　　　D. 防锈剂
　　命题难度 D　　　答案 A

273. 数控机床长期不用时最重要的日常维护工作是（　　）。
　　A. 清洁　　　　　B. 干燥　　　　C. 通电　　　　　D. 通风
　　命题难度 A　　　答案 C

274. 测量与反馈装置的作用是为了（　　）。
　　A. 提高机床的安全性　　　　B. 提高机床的安全寿命
　　C. 提高机床的定位精度、加工精度　D. 提高机床的灵活性
　　命题难度 B　　　答案 C

275. 数控加工时用于确定刀具位置的点（　　）。
　　A. 换刀点　　　　B. 刀位点　　　C. 对刀点　　　　D. 机床原点
　　命题难度 C　　　答案 B

276. CA6140 型普通车床最大加工直径是（　　）。
　　A. 200 mm　　　　B. 140 mm　　　C. 400 mm　　　　D. 614 mm
　　命题难度 B　　　答案 C

277. 数控机床上有个机械原点，该点到机床坐标零点在进给坐标轴方向上的距离可以

在机床出厂时设定，该原点称（　　）。

    A. 零点   B. 换刀点   C. 参考点   D. 机床坐标系原点

    命题难度 C   答案 D

278. 数控机床不能正常动作，可能的原因之一是（　　）。

    A. 润滑中断   B. 冷却中断   C. 未进行对刀   D. 未解除急停

    命题难度 A   答案 D

279. 数控机床的日常维护与保养一般情况下应该由（　　）来进行。

    A. 车间领导   B. 操作人员   C. 后勤管理人员   D. 勤杂人员

    命题难度 C   答案 B

280. 取消键 CAN 的用途是消除输入（　　）器中的文字符号。

    A. 缓冲   B. 寄存   C. 运算   D. 处理

    命题难度 A   答案 A

281. 要执行程序段跳过功能，须在该程序段前输入（　　）标记。

    A. /   B. \\   C. +   D. --

    命题难度 B   答案 A

282. 为了防止换刀时刀具与工件发生干涉，换刀点的位置应设在（　　）。

    A. 机床原点   B. 工件外部   C. 工件原点   D. 对到点

    命题难度 D   答案 B

283. 数控机床上有一个机械原点，该点到机床坐标零点在进给坐标轴方向上的距离可以在机床出厂时设定，该点称为（　　）。

    A. 工件零点   B. 机床零点   C. 机床参考点   D. 限位点

    命题难度 A   答案 C

284. 下列（　　）的工件不适用于在数控机床上加工。

    A. 普通机床难加工   B. 毛坯余量不稳定

    C. 精度高   D. 形状复杂

    命题难度 C   答案 B

285. 数控车床的（　　）通常设在主轴端面与轴线的相交点。

    A. 机床参考点   B. 机床坐标原点

    C. 工件坐标系零点   D. 换刀点

    命题难度 A   答案 C

286. 操作面板上的"DELET"键的作用是（　　）。

    A. 删除   B. 复位   C. 输入   D. 启动

    命题难度 C   答案 A

287. 不属于主轴回转运动误差的影响因素有（　　）。

    A. 主轴的制造误差   B. 主轴轴承的制造误差

    C. 主轴轴承的间隙   D. 工件的热变形

    命题难度 B   答案 D

288. 螺纹车刀刀尖高于或低于中心时，车削时易出现（　　）现象。

    A. 扎刀   B. 乱牙   C. 窜动   D. 停车

命题难度 B　　答案 A

289. 普通车床加工中，丝杆的作用是（　　）。
 A. 加工内孔　　　　　　　　　B. 加工各种螺纹
 C. 加工外圆、端面　　　　　　D. 加工锥面
 命题难度 C　　答案 B

290. 数控装置中电池的作用是（　　）。
 A. 给系统的 CPU 运算提供能量
 B. 在系统断电时，用它存储的能量来保持 RAM 中的数据
 C. 为检测元件提供能量
 D. 在突然断电时，为数控机床提供能量，使机床能暂时运行几分钟，以便退出刀具
 命题难度 B　　答案 A

291. 操作面板的功能键中，用于显示系统参数设定窗口的键是（　　）。
 A. OFFSET SETTING　　　　B. PARAM
 C. PRGAM　　　　　　　　D. SYSTEM
 命题难度 B　　答案 D

292. 数控车床上快速夹紧工件的卡盘大多采用（　　）。
 A. 普通三爪卡盘　　B. 液压卡盘　　C. 电动卡盘　　　D. 四爪卡盘
 命题难度 A　　答案 B

293. 机床中的各开关按钮和键是否正常灵活是（　　）首先应检查的项目。
 A. 试刀过程中　　B. 通电后　　C. 加工过程中　　D. 加工以后
 命题难度 C　　答案 B

294. 在程序运行过程中，如果按下"进给保持"按键，运转的主轴将（　　）。
 A. 停止运转　　　B. 保持运转　　C. 重新启动　　　D. 反向运转
 命题难度 B　　答案 B

295. 符号键在编辑时用于输入符号，（　　）键用于每个程序段的结束符。
 A. ES　　　　B. EOF　　　C. CP　　　D. DOC
 命题难度 C　　答案 B

296. 操作面板上的"DELET"键的作用是（　　）。
 A. 删除　　　B. 复位　　　C. 输入　　　D. 启动
 命题难度 C　　答案 A

297. 由于数控机床可以自动加工零件，操作工（　　）按操作规程进行操作。
 A. 可以　　　B. 必须　　　C. 不必　　　D. 根据情况随意
 命题难度 B　　答案 B

298. 数控车床在加工中为了实现对车刀刀尖磨损的补偿，可沿假设的刀尖方向，在刀尖半径之上附加一个刀具偏移量，这称为（　　）。
 A. 刀具位置补偿　　B. 刀具半径补偿　　　C. 刀具长度补偿
 命题难度 A　　答案 B

299. 自动运行操作步骤首先选择要运行的程序，将状态开关置于"（　　）"位置，再

按"循环启动"按钮。

A. ZRN　　　　　B. MEN　　　　　C. AUTO　　　　　D. HOU

命题难度 C　　　答案 C

300. 操作面板的功能键中，用于程序编制显示的键是（　　　）。

A. POS　　　　　B. PROG　　　　　C. ALARM　　　　　D. PAGE

命题难度 C　　　答案 B

301. 数控系统的核心是（　　　）。

A. 伺服装置　　　B. 数控装置　　　C. 反馈装置　　　D. 检测装置

命题难度 C　　　答案 B

302. 普通车床光杆的旋转最终来源于（　　　）。

A. 溜板箱　　　　B. 进给箱　　　　C. 主轴箱　　　　D. 挂轮箱

命题难度 B　　　答案 B

303. 在程序自动运行中，按下控制面板上的"（　　　）"按钮，自动运行暂停。

A. 进给保持　　　B. 电源　　　　C. 伺服　　　　D. 循环

命题难度 B　　　答案 A

304. 数控机床开机工作前首先必须（　　　），以建立机床坐标系。

A. 拖表　　　　　　　　　B. 回机床参考点

C. 装刀　　　　　　　　　D. 输入加工程序

命题难度 C　　　答案 B

305. 不需要采用轮廓控制的数控机床是（　　　）。

A. 数控车床　　　B. 数控铣床　　　C. 数控磨床　　　D. 数控钻床

命题难度 A　　　答案 D

306. 润滑剂有润滑作用、冷却作用、（　　　）和密封作用等。

A. 防锈作用　　　B. 磨合作用　　　C. 静压作用　　　D. 稳定作用

命题难度 C　　　答案 A

307. 主轴在转动时若有一定的径向圆跳动，则工件加工后会产生（　　　）误差。

A. 垂直度　　　　B. 同轴度　　　　C. 斜度　　　　D. 表面粗糙度

命题难度 B　　　答案 B

308. 操作者每天开机通电后首先进行的日常检查是检查（　　　）。

A. 液压系统　　　B. 润滑系统　　　C. 冷却系统　　　D. 伺服系统

命题难度 C　　　答案 B

309. 数控机床的"回零"操作是指回到（　　　）。

A. 对刀点　　　　B. 换刀点　　　　C. 机床参考点　　　D. 编程原点

命题难度 D　　　答案 C

310. 判断数控机床可靠度的主要依据是（　　　）。

A. 机床精度　　　　　　　B. 机床机械效率

C. 机床实际无故障工作概率　　D. 机床生产率

命题难度 B　　　答案 C

311. 能进行螺纹加工的数控车床，一定安装了（　　　）。

A. 测速发电机　　　　　　　　　B. 主轴脉冲编码器

C. 温度监测器　　　　　　　　　D. 旋转变压器

命题难度 B　　答案 B

312. 当第二次按下"程序段跳过"按钮时，指示灯灭，表示取消"程序段跳过"功能。此时程序中的"/"标记（　　），程序中所有程序段将被依次执行。

A. 弹出　　　　B. 有效　　　　C. 无效　　　　D. 取消

命题难度 C　　答案 D

313. CNC 系统一般可用几种方式得到工件加工程序，其中 MDI 是（　　）。

A. 利用磁盘机读入程序　　　　　B. 从串行通信接口接收程序

C. 利用键盘以手动方式输入程序　D. 从网络通过 Modem 接收程序

命题难度 B　　答案 C

314. 由于数控车床具有（　　）功能，所以可选用最佳线速度来切削锥面和端面，使车削后的表面粗糙度值既小又一致。

A. 直线插补　　　　　　　　　　B. 圆弧插补

C. 恒转速　　　　　　　　　　　D. 恒线速切削

命题难度 C　　答案 D

加工工艺部分（共 83 题）

315. （　　）是一种以内孔为基准装夹达到相对位置精度的装夹方法。

A. 一夹一顶　　B. 两顶尖　　C. 平口钳　　　D. 心轴

命题难度 B　　答案 D

316. 用两顶尖装夹工件时，可限制（　　）。

A. 三个移动三个转动　　　　　　B. 三个移动两个转动

C. 两个移动三个转动　　　　　　D. 两个移动两个转动

命题难度 A　　答案 B

317. 在精车削圆弧面时，应（　　）进给速度以提高表面粗糙度。

A. 增大　　　　B. 不变　　　　C. 减小　　　　D. 以上均不对

命题难度 C　　答案 C

318. 夹紧力的方向应尽量（　　）主切削力。

A. 垂直　　　　B. 平行同向　　C. 倾斜指向　　　D. 平行反向

命题难度 D　　答案 A

319. 数控车床在加工外圆时出现外圆尺寸超差的原因可能是（　　）。

A. 程序错误　　B. 进给量过大　　C. 切削速度过低　　D. 刀尖高度不合适

命题难度 A　　答案 A

320. 数控车床在加工外圆时出现外圆表面粗糙度太差的主要原因可能是（　　）。

A. 程序错误　　B. 进给量过大　　C. 切削速度过低　　D. 背吃刀量过大

命题难度 D　　答案 B

321. 数控车床在加工端面时，端面中心处出现凸台的原因可能是（　　）。

A. 程序错误　　B. 进给量过大　　C. 切削速度过低　　D. 刀尖高度不合适

命题难度 B　　答案 D

322. 麻花钻的导向部分有两条螺旋槽，作用是形成切削刃和（　　）。
    A. 排除气体　　　　B. 排除切屑　　　　C. 排除热量　　　　D. 减轻自重
    命题难度 C　　　答案 B

323. 在数控机床上，考虑工件的加工精度要求、刚度和变形等因素，可按（　　）划分工序。
    A. 粗、精加工　　　B. 所用刀具　　　　C. 定位方式　　　　D. 加工部位
    命题难度 A　　　答案 A

324. 加工时用来确定工件在机床上或夹具中占有正确位置所使用的基准为（　　）。
    A. 定位基准　　　　B. 测量基准　　　　C. 装配基准　　　　D. 工艺基准
    命题难度 D　　　答案 A

325. 选择加工表面的设计基准为定位基准的原则称为（　　）。
    A. 基准重合　　　　B. 自为基准　　　　C. 基准统一　　　　D. 互为基准
    命题难度 C　　　答案 C

326. 测量基准是指工件在（　　）时所使用的基准。
    A. 加工　　　　　　B. 装配　　　　　　C. 检验　　　　　　D. 维修
    命题难度 D　　　答案 C

327. 工件材料的强度和硬度较高时，为了保证刀具有足够的强度，应取（　　）的后角。
    A. 较小　　　　　　B. 较大　　　　　　C. 0°　　　　　　　D. 30°
    命题难度 B　　　答案 A

328. 镗孔刀尖如果低于工件中心，粗车孔时易把孔径车（　　）。
    A. 小　　　　　　　B. 相等　　　　　　C. 不影响　　　　　D. 大
    命题难度 A　　　答案 D

329. 为保证槽底尺寸精度，切槽刀主刀刃必须与工件轴线（　　）。
    A. 平行　　　　　　B. 垂直　　　　　　C. 相交　　　　　　D. 倾斜
    命题难度 A　　　答案 A

330. 为增加镗孔刀的截面积，刀尖应与刀杆的（　　）等高。
    A. 上表面　　　　　B. 中心线　　　　　C. 下表面　　　　　D. 均不对
    命题难度 B　　　答案 B

331. 机械加工的范围是（　　）。
    A. 市场信息到产品　　　　　　　　　B. 原料到毛坯
    C. 毛坯到零件　　　　　　　　　　　D. 零件到产品
    命题难度 C　　　答案 C

332. 三个支撑点对工件是平面定位，能限制（　　）个自由度。
    A. 2　　　　　　　　B. 3　　　　　　　　C. 4　　　　　　　　D. 5
    命题难度 C　　　答案 B

333. 加工路线的确定首先必须保证（　　）和零件表面质量。
    A. 零件的尺寸精度　　　　　　　　　B. 数值计算简单
    C. 走刀路线尽量短　　　　　　　　　D. 操作方便

命题难度 D　　答案 A

334. 加工如齿轮类的盘型零件，精加工时应以（　　）作基准。

　　A. 外形　　　　　　B. 内孔　　　　　C. 端面　　　　　　D. 以上均不能

命题难度 A　　答案 B

335. 切断刀因切削刃太宽，切削时容易产生（　　）。

　　A. 弯曲　　　　　　B. 扭转　　　　　C. 刀痕　　　　　　D. 振动

命题难度 C　　答案 D

336. 选择 $v_c = 100$ m/min 车削 $\phi 50$ mm 工件，应选用（　　）r/min 的转速。

　　A. 400　　　　　　B. 500　　　　　C. 637　　　　　　D. 830

命题难度 B　　答案 C

337. 轴类零件安排加工顺序时应按照（　　）的原则。

　　A. 先粗车后精车　　　　　　　　　B. 先精车后粗车

　　C. 先内后外　　　　　　　　　　　D. 基准先行

命题难度 D　　答案 A

338. 在切断时，背吃刀量 a_p（　　）刀头宽度。

　　A. 大于　　　　　　B. 等于　　　　　C. 小于　　　　　　D. 小于等于

命题难度 B　　答案 C

339. 编程加工内槽时，切槽刀定位点的直径应比孔径尺寸（　　）。

　　A. 小　　　　　　　B. 相等　　　　　C. 大　　　　　　　D. 无关

命题难度 A　　答案 A

340. 若未考虑车刀刀尖半径的补偿值，会影响车削工件的（　　）精度。

　　A. 外径　　　　　　B. 内径　　　　　C. 长度　　　　　　D. 锥度及圆弧

命题难度 B　　答案 D

341. 刀具与工件的相对运动可以分解为两个方面，一个是（　　），另一个是进给运动。

　　A. 主运动　　　　　B. 曲线运动　　　C. 往返运动　　　　D. 直线运动

命题难度 D　　答案 A

342. 在下列内容中，不属于工艺基准的是（　　）。

　　A. 定位基准　　　　B. 测量基准　　　C. 装配基准　　　　D. 设计基准

命题难度 D　　答案 D

343. 数控机床 Z 坐标轴规定为（　　）。

　　A. 平行于主切削方向　　　　　　　B. 工件装夹面方向

　　C. 各个主轴任选一个　　　　　　　D. 传递主切削动力的主轴轴线方向

命题难度 C　　答案 D

344. 使主运动能够继续切除工件多余的金属，以形成工作表面所需的运动，称为（　　）。

　　A. 进给运动　　　　B. 主运动　　　　C. 辅助运动　　　　D. 切削运动

命题难度 D　　答案 A

345. 加工带有键槽的传动轴，材料为钢并需淬火处理，表面粗糙度要求为 $Ra = 0.8$ μm，其加工工艺为（　　　）。

A. 粗车—铣—磨—热处理　　　　　　B. 粗车—精车—铣—热处理—粗磨—精磨

C. 车—磨—铣—热处理　　　　　　　D. 车、热处理—磨—铣

命题难度 A　　　答案 B

346. 对于较长的或者必须经过多次装夹才能加工好且位置精度要求较高的轴类工件，可采用（　　　）方法安装。

A. 一夹一顶　　　B. 两顶尖　　　C. 三爪卡盘　　　D. 四爪卡盘

命题难度 C　　　答案 A

347. 零件几何要素按存在的状态分为实际要素和（　　　）。

A. 轮廓要素　　　B. 被测要素　　　C. 理想要素　　　D. 基准要素

命题难度 C　　　答案 C

348. 定位方式中（　　　）不能保证加工精度。

A. 完全定位　　　B. 不完全定位　　　C. 欠定位　　　D. 过定位

命题难度 D　　　答案 C

349. 钻工件内孔表面能达到的精度等级为（　　　）。

A. IT4～IT1　　　B. IT6　　　C. IT13～IT11　　　D. IT5

命题难度 A　　　答案 C

350. 切削速度在（　　　）区间时容易形成积屑瘤。

A. 极低速　　　B. 低速　　　C. 中速　　　D. 高速

命题难度 D　　　答案 C

351. 一个工人在单位时间内生产出合格产品的数量是（　　　）。

A. 工序时间定额　　　　　　　　　　B. 生产时间定额

C. 劳动生产率　　　　　　　　　　　D. 辅助时间定额

命题难度 C　　　答案 C

352. 在 FANUC 系统数控车床上用 G74 指令进行深孔钻削时，刀具反复进行钻削和退刀的动作，其目的是（　　　）。

A. 排屑和散热　　　　　　　　　　　B. 保证钻头刚度

C. 减少振动　　　　　　　　　　　　D. 缩短加工时间

命题难度 A　　　答案 A

353. 用来测量零件已加工表面的尺寸和位置所参照的点、线或面为（　　　）。

A. 定位基准　　　B. 测量基准　　　C. 装配基准　　　D. 工艺基准

命题难度 D　　　答案 B

354. 用（　　　）的压力把两个量块的测量面相推合，就可牢固地粘合成一体。

A. 一般　　　B. 较大　　　C. 很大　　　D. 较小

命题难度 B　　　答案 D

355. 薄壁零件精加工时，最好应用（　　　）装夹工件，可以避免内孔变形。

A. 三爪卡盘　　　B. 四爪卡盘　　　C. 软爪　　　D. 轴向夹紧夹具

命题难度 B　　　答案 D

356. 车削外圆锥时如果车刀不对中心，会产生双曲线误差，双曲线的形状是（　　　）。

A. 外凸的　　　　　B. 曲率半径大　C. 曲率半径小　　　D. 内凹的

命题难度 A　　答案 A

357. 螺纹加工时采用（　　），因两侧刀刃同时切削，故切削力较大。

A. 直进法　　　　　B. 斜进法　　　C. 左右借刀法　　　D. 以上均不是

命题难度 B　　答案 A

358. 安装螺纹车刀时，刀尖应（　　）工件中心。

A. 低于　　　　　　B. 等于　　　　C. 高于　　　　　　D. 都可以

命题难度 C　　答案 B

359. 下列（　　）的工件不适合用于在数控机床上加工。

A. 普通机床难加工　　　　　　B. 毛坯余量不稳定

C. 精度高　　　　　　　　　　D. 形状复杂

命题难度 C　　答案 B

360. 细长轴零件上的（　　）在零件图中的画法是用移除剖视表示。

A. 外圆　　　　　　B. 螺纹　　　　C. 锥度　　　　　　D. 键槽

命题难度 A　　答案 D

361. 在相同切削速度下，钻头直径越小，转速应（　　）。

A. 越高　　　　　　B. 不变　　　　C. 越低　　　　　　D. 相等

命题难度 C　　答案 A

362. 工件的精度和表面粗糙度在很大程度上取决于主轴部件的刚度和（　　）精度。

A. 测量　　　　　　B. 形状　　　　C. 位置　　　　　　D. 回转

命题难度 B　　答案 D

363. （　　）的结构特点是直径大、长度短。

A. 轴类零件　　　　B. 箱体零件　　C. 薄壁零件　　　　D. 盘类零件

命题难度 C　　答案 D

364. 使工件与刀具产生相对运动以进行切削的最基本运动，称为（　　）。

A. 主运动　　　　　B. 进给运动　　C. 辅助运动　　　　D. 切削运动

命题难度 D　　答案 A

365. 影响切削形状的切削三要素中，（　　）影响最大。

A. 切削速度　　　　B. 进给量　　　C. 切削深度　　　　D. 刀具几何参数

命题难度 C　　答案 B

366. 对工件的（　　）有较大影响的是车刀的副偏角。

A. 表面粗糙度　　　B. 尺寸精度　　C. 形状精度　　　　D. 没有影响

命题难度 B　　答案 A

367. 下列因素在圆锥面加工中对形状影响最大的是（　　）。

A. 工件材料　　　　B. 刀具质量　　C. 刀具安装　　　　D. 工件装夹

命题难度 B　　答案 C

368. 高速车削螺纹时，硬质合金车刀刀尖应（　　）螺纹的牙型角。

A. 略大于　　　　　B. 等于　　　　C. 略小于　　　　　D. 不确定

命题难度 B　　答案 C

369. 切断时，（ ）措施能够防止产生振动。

    A. 减小前角   B. 增大前角   C. 提高切削速度   D. 减小进给量

    命题难度 B   答案 B

370. 铰削铸件孔时，应选用（ ）。

    A. 硫化切削液   B. 活性矿物油   C. 煤油   D. 乳化液

    命题难度 A   答案 C

371. 钻中心孔时，应选用（ ）的转速。

    A. 低   B. 较低   C. 较高   D. 以上均不对

    命题难度 C   答案 C

372. （ ）主要用于制造低速、手动工具及常温下使用的工具、模具和量具。

    A. 硬质合金   B. 高速钢   C. 合金工具钢   D. 碳素工具钢

    命题难度 C   答案 D

373. 主轴转速 $n(\mathrm{r/min})$ 与切削速度 $v(\mathrm{m/min})$ 的关系表达式是（ ）。

    A. $n = \pi v D/1\,000$ B. $n = 1\,000\pi v D$

    C. $v = \pi n D/1\,000$ D. $v = 1\,000\pi N d$

    命题难度 B   答案 C

374. 镗孔精度一般可达（ ）。

    A. IT5 ~ IT6   B. IT7 ~ IT8   C. IT8 ~ IT9   D. IT9 ~ IT10

    命题难度 B   答案 B

375. 切削脆性金属材料时，（ ）容易产生在刀具前角较小、切削厚度较大的情况下。

    A. 崩碎切削   B. 节状切削   C. 带状切削   D. 粒状切削

    命题难度 B   答案 B

376. 在主轴加工中选用支撑轴颈作为定位基准磨削锥孔，符合（ ）原则。

    A. 基准统一   B. 基准重合   C. 自为基准   D. 互为基准

    命题难度 C   答案 D

377. 刃磨高速钢车刀应用（ ）砂轮。

    A. 刚玉系   B. 碳化硅系   C. 人造金刚石   D. 立方碳化硼

    命题难度 C   答案 A

378. 重复定位能提高工件的（ ），但对工件的定位精度有影响，一般是不允许的。

    A. 塑性   B. 强度   C. 刚性   D. 韧性

    命题难度 C   答案 C

379. 工艺基准包括（ ）

    A. 设计基准、粗基准、精基准   B. 设计基准、定位基准、精基准

    C. 定位基准、测量基准、装配基准   D. 测量基准、粗基准、精基准

    命题难度 C   答案 C

380. 对于（ ）的毛坯应采用精密铸造、精炼、冷挤压等新工艺，使切削余量大大减小，从而缩短加工的机动时间。

    A. 属于维修件   B. 批量较大   C. 在研制阶段   D. 要加工样品

命题难度 B　　答案 B

381. 镗孔刀刀杆的伸出应尽可能（　　）。
A. 短　　　　　　B. 长　　　　　C. 不要求　　　　　D. 均不对
命题难度 C　　答案 A

382. 定位套用于外圆定位，其中长套限制（　　）个自由度。
A. 6　　　　　　B. 4　　　　　C. 3　　　　　D. 8
命题难度 B　　答案 B

383. 手动使用夹具装夹造成工件尺寸一致性差的主要原因是（　　）。
A. 夹具制造误差　　　　　　　　B. 夹紧力一致性差
C. 热变形　　　　　　　　　　　D. 工件余量不同
命题难度 B　　答案 B

384. 当刀具的副偏角（　　）时，在车削凹陷轮廓面时应产生过切现象。
A. 大　　　　　　B. 过大　　　　　C. 过小　　　　　D. 以上均不对
命题难度 A　　答案 C

385. 在制定零件的机械加工工艺规程时，对单件生产，大多采用（　　）。
A. 工序集中法　　B. 工序分散法　　C. 流水作业法　　D. 其他方法
命题难度 B　　答案 A

386. 用于批量生产的胀力心轴可用（　　）材料制成。
A. 45 号钢　　　　B. 60 号钢　　　　C. 65Mn　　　　D. 铸铁
命题难度 C　　答案 C

387. （　　）不是切削液的用途。
A. 冷却　　　　　B. 润滑　　　　　C. 提高切削速度　　　D. 清洗
命题难度 C　　答案 A

388. 铰削一般钢材时，切削液通常选用（　　）。
A. 水溶液　　　　B. 煤油　　　　　C. 乳化液　　　　D. 极压乳化油
命题难度 B　　答案 C

389. 零件上每个表面都要加工时应以加工余量和公差（　　）的表面作为基准。
A. 最小的　　　　B. 最大的　　　　C. 符合公差范围　　　D. 任何
命题难度 B　　答案 A

390. 刃磨硬质合金车刀应采用（　　）砂轮。
A. 刚玉系　　　　B. 碳化硅系　　　C. 人造金刚石　　　D. 立方氮化硼
命题难度 C　　答案 B

391. 切槽刀刀头面积小，散热条件（　　）。
A. 差　　　　　　B. 较好　　　　　C. 好　　　　　D. 很好
命题难度 C　　答案 A

392. 车外圆时，切削速度计算式中的 D 一般是指（　　）的直径。
A. 工件待加工表面　　　　　　　B. 工件加工表面
C. 工件已加工表面　　　　　　　D. 工件毛坯
命题难度 C　　答案 A

393. 车削直径为 $\phi100\text{ mm}$ 的工件外圆，若主轴转速设定为 1 000 r/min，则切削速度 v_c 为（　　）m/min。

    A. 100　　　　　　　B. 157　　　　　　　C. 200　　　　　　　D. 314

    命题难度 B　　　答案 D

394. 当工件加工后尺寸有波动时，可修改（　　）中的数值至图样要求。

    A. 刀具磨耗补偿　　B. 刀具补正　　　C. 刀尖半径　　　　D. 刀尖的位置

    命题难度 B　　　答案 A

395. 前刀面与基面间的夹角是（　　）。

    A. 后角　　　　　　B. 主偏角　　　　C. 前角　　　　　　D. 刃倾角

    命题难度 B　　　答案 C

396. 加工零件时影响表面粗糙度的主要原因是（　　）。

    A. 刀具装夹误差　　　　　　　　　　B. 机床的几何精度

    C. 进给不均匀　　　　　　　　　　　D. 刀痕和振动

    命题难度 B　　　答案 D

397. 切削用量的选择原则是：粗车时（　　），最后确定一个合适的切削速度 v_c。

    A. 应首先选择尽可能大的背吃刀量 a_p，其次选择较大的进给量 f

    B. 应首先选择尽可能小的背吃刀量 a_p，其次选择较大的进给量 f

    C. 应首先选择尽可能大的背吃刀量 a_p，其次选择较小的进给量 f

    D. 应首先选择尽可能小的背吃刀量 a_p，其次选择较小的进给量 f

    命题难度 C　　　答案 A

程序编制部分（共 145 题）

398. 圆弧插补指令"G03 X__ Y__ R__;"中，"X__""Y__"的值表示圆弧的（　　）。

    A. 起点坐标　　　　　　　　　　　　B. 终点坐标

    C. 圆心坐标相对起点的值　　　　　　D. 起点坐标相对于圆心的坐标的增值

    命题难度 B　　　答案 B

399. 车床上，刀尖圆弧只有在加工（　　）时才会产生误差。

    A. 端面　　　　　　B. 圆柱　　　　　C. 圆弧　　　　　　D. 平面

    命题难度 A　　　答案 C

400. "G02 X20 Y20 R-20 F0.3;"一般加工的是（　　）。

    A. 整圆　　　　　　　　　　　　　　B. 圆心角大于180°的圆弧

    C. 圆心角小于180°的圆弧　　　　　　D. 以上均可

    命题难度 B　　　答案 B

401. 下列 G 指令中哪项是非模态指令（　　）。

    A. G00　　　　　　B. G01　　　　　C. G02　　　　　　D. G04

    命题难度 C　　　答案 D

402. 用于机床开关指令的辅助功能的指令代码是（　　）。

    A. F 代码　　　　　B. S 代码　　　　C. M 代码　　　　　D. G 代码

    命题难度 C　　　答案 C

403. 辅助功能中表示无条件程序暂停的指令是（　　）。

A. M00　　　　　　B. M01　　　　　　C. M02　　　　　　D. M30

命题难度 B　　答案 A

404. 数控车床主轴以 800 r/min 转速正转时，其指令是（　　）。

A. M03 S800　　B. M04 S800　　C. M05 S800　　D. M800

命题难度 C　　答案 A

405. 程序中指定了（　　）时，刀具半径补偿撤销。

A. G40　　　　　B. G41　　　　　C. G42　　　　　D. G50

命题难度 D　　答案 A

406. 数控车床的标准坐标系是以（　　）来确定的。

A. 右手直角笛卡尔坐标系　　　　B. 绝对坐标

C. 相对坐标　　　　　　　　　　D. 增量坐标系

命题难度 D　　答案 A

407. 程序段"G00 G01 G02 G03 X50.0 Y70.0 R30.0 F70;"最后执行（　　）指令。

A. G00　　　　　B. G01　　　　　C. G02　　　　　D. G03

命题难度 B　　答案 D

408. 若未考虑车刀刀尖半径的补偿值，则会影响（　　）工件车削的精度。

A. 外径　　　　　B. 内径　　　　　C. 长度　　　　　D. 锥度及圆弧

命题难度 A　　答案 D

409. 程序校验与首件试切的作用是（　　）。

A. 检查机床是否正常

B. 提高加工质量

C. 检验程序是否正确及零件的加工精度是否满足图纸要求

D. 检验参数是否正确

命题难度 A　　答案 C

410. 数控编程时，应首先设定（　　）。

A. 机床原点　　B. 固定原点　　C. 机床坐标系　　D. 工件坐标系

命题难度 C　　答案 D

411. 在 G41 或 G42 指令的程序段中不能用（　　）指令。

A. G00　　　　　B. G02 或 G03　　C. G01　　　　　D. 不能确定

命题难度 B　　答案 B

412. 影响刀具半径补偿值的主要因素是（　　）。

A. 进给量　　　B. 切削速度　　　C. 切削深度　　　D. 刀具半径大小

命题难度 A　　答案 B

413. 相对编程是指（　　）。

A. 对于加工起点位置进行编程　　B. 相对于下一个点的位置编程

C. 相对于当前位置进行编程　　　D. 以方向正负进行编程

命题难度 B　　答案 A

414. 采用固定循环编程，可以（　　）。

A. 加快切削速度，提高加工质量　　B. 缩短程序长度，减少程序所占内存

C. 减少换刀次数，提高切削速度　　D. 减小吃刀深度，保证加工质量

命题难度 B　　答案 B

415. FANUC－0i 系统数控系统操作面板上显示当前位置的功能键为（　　）。

　　A. PARAM　　　　B. POS　　　　C. PRGRM　　　　D. EDIT

命题难度 C　　答案 B

416. 数控零件加工程序的输入必须在（　　）下进行。

　　A. 手动方式　　　　　　　　B. 手动输入方式

　　C. 编辑方式　　　　　　　　D. 自动加工方式

命题难度 B　　答案 C

417. 在 G00 指令格式"G00 X(U)__ Z(W)__;"中，"X__""Z__"代表（　　）。

　　A. 绝对坐标　　B. 直径值　　C. 轴向值　　　　D. 坐标值

命题难度 B　　答案 A

418. 在 G00 指令格式"G00 X(U)__ Z(W)__;"中，"X__"一般表示（　　）。

　　A. 半径值　　B. 直径值　　C. 轴向值　　　　D. 坐标值

命题难度 B　　答案 B

419. G00 指令的含义是（　　）。

　　A. 圆弧插补　　B. 快速点定位　　C. 直线插补　　　　D. 循环指令

命题难度 D　　答案 B

420. G01 指令的含义是（　　）。

　　A. 圆弧插补　　B. 快速点定位　　C. 直线插补　　　　D. 循环指令

命题难度 D　　答案 C

421. 在 G90 指令格式"G90 X(U)__ Z(W)__ F__;"中，"X__""Z__"代表（　　）。

　　A. 切削终点绝对坐标　　　　B. 切削终点增量坐标

　　C. 运动终点绝对坐标　　　　D. 运动终点增量坐标

命题难度 C　　答案 A

422. 在 G90 指令格式"G90 X(U)__ Z(W)__ F__;"中，"U__""W__"代表（　　）。

　　A. 切削终点绝对坐标　　　　B. 切削终点增量坐标

　　C. 运动终点绝对坐标　　　　D. 运动终点增量坐标

命题难度 C　　答案 B

423. 下列指令中属于端面切削固定循环指令的是（　　）。

　　A. G90　　　　B. G94　　　　C. G70　　　　D. G73

命题难度 C　　答案 B

424. 下列指令中属于外圆切削复合循环指令的是（　　）。

　　A. G94　　　　B. G71　　　　C. G90　　　　D. G72

命题难度 B　　答案 B

425. 下列指令中属于内外圆单一形状固定循环指令的是（　　）。

　　A. G90　　　　B. G71　　　　C. G70　　　　D. G73

命题难度 B　　答案 A

426. 下列指令中属于数控车床封闭粗车循环指令的是（　　）。

A. G70　　　　　B. G71　　　　　C. G72　　　　　D. G73

命题难度 A　　答案 D

427. 下列指令中属于数控车床的外圆粗车复合循环指令的是（　　　）。

A. G70　　　　　B. G71　　　　　C. G72　　　　　D. G90

命题难度 A　　答案 B

428. 下列指令中属于数控车床的端面粗车复合循环指令的是（　　　）。

A. G70　　　　　B. G71　　　　　C. G72　　　　　D. G73

命题难度 B　　答案 C

429. 下列指令中属于数控车床固定形状精车指令的是（　　　）。

A. G70　　　　　B. G71　　　　　C. G72　　　　　D. G73

命题难度 B　　答案 A

430. 刀具半径右补偿的代码是（　　　）。

A. G40　　　　　B. G41　　　　　C. G42　　　　　D. G43

命题难度 C　　答案 C

431. 刀具半径左补偿的代码是（　　　）。

A. G40　　　　　B. G41　　　　　C. G42　　　　　D. G43

命题难度 C　　答案 B

432. 在程序"G71 P(ns) Q(nf) U(Δu) W(Δw) F__ S__ T__;"中，"Δu"表示（　　　）。

A. Z 方向精加工余量　　　　　　B. X 方向精加工余量

C. 每次径向背吃刀量　　　　　　　D. 总径向背吃刀量

命题难度 B　　答案 B

433. 在程序"G73 P(ns) Q(nf) U(Δu) W(Δw) F__ S__ T__;"中，"Δw"表示（　　　）。

A. Z 方向精加工余量　　　　　　B. X 方向精加工余量

C. X 方向总加工余量　　　　　　D. Z 方向总加工余量

命题难度 B　　答案 A

434. T0102 表示（　　　）。

A. 1 号刀 1 号刀补　　　　　　　　B. 1 号刀 2 号刀补

C. 2 号刀 1 号刀补　　　　　　　　D. 2 号刀 2 号刀补

命题难度 C　　答案 B

435. 数控车床车圆锥面时产生（　　　）误差的原因可能是加工圆锥起点或终点 X 坐标计算错误。

A. 锥度（角度）　B. 同轴度　　C. 圆度　　　　D. 轴向尺寸

命题难度 A　　答案 A

436. G00 是指令刀具以（　　　）移动方式，从当前位置运动并定位于目标位置的指令。

A. 点动　　　　B. 走刀　　　　C. 快速　　　　D. 标准

命题难度 D　　答案 C

437. G96 是启动（　　　）控制的指令。

A. 变速度　　　　B. 匀速度　　　　C. 恒线速度　　　　D. 角速度

命题难度 C　　答案 C

438. "G99 F0.3"的含义是（　　）。

　　A. 0.3 m/min　　　　B. 0.3 mm/r　　　C. 0.3 r/min　　　　D. 0.3 mm/min

　　命题难度 D　　答案 B

439. 绝对编程是指（　　）。

　　A. 根据与前一个位置的坐标增量来表示位置的编程方法

　　B. 根据预先设定的编程原点计算坐标尺寸进行编程的方法

　　C. 根据机床原点计算坐标尺寸进行编程的方法

　　D. 根据机床参考点计算坐标尺寸进行编程的方法

　　命题难度 C　　答案 B

440. FANUC 系统的车床用增量方式编程时的格式为（　　）。

　　A. G90 G01 X__Z__;　　　　　　B. G91 G01 X__Z__

　　C. G00 U__W__;　　　　　　　　D. G91 G01 U__W__;

　　命题难度 C　　答案 C

441. FANUC 数控车床系统中 G90 是（　　）指令。

　　A. 增量编程　　　　　　　　　　B. 圆柱或圆锥面车削循环

　　C. 螺纹车削循环　　　　　　　　D. 端面车削循环

　　命题难度 B　　答案 B

442. 加工螺距为 3 mm 圆柱螺纹，牙深为（　　）mm，其切削次数为 7 次。

　　A. 1.949　　　　B. 1.668　　　　C. 3.3　　　　D. 2.6

　　命题难度 A　　答案 B

443. 车削塑性金属材料的 M40×3 内螺纹时，内孔直径约等于（　　）mm。

　　A. 40　　　　　B. 38.5　　　　C. 8.05　　　　D. 37

　　命题难度 A　　答案 D

444. 程序段号的作用之一是（　　）。

　　A. 便于对指令进行校对、检索和修改

　　B. 解释指令的含义

　　C. 确定坐标值

　　D. 确定刀具的补偿量

　　命题难度 C　　答案 A

445. 在 FANUC-0i 系统中，G73 指令第一行中"R"的含义是（　　）。

　　A. X 向回退量　　B. 位移　　　　C. Z 向回退量　　　D. 走刀次数

　　命题难度 A　　答案 D

446. 辅助指令 M03 功能是主轴（　　）指令。

　　A. 反转　　　　　B. 启动　　　　C. 正转　　　　D. 停止

　　命题难度 D　　答案 C

447. 下列指令中属于复合循环指令代码的是（　　）。

　　A. G04　　　　　B. G02　　　　C. G73　　　　D. G28

　　命题难度 C　　答案 C

448. FANUC-0i 系统中程序段"M98 P0260;"表示（　　）。

A. 停止调用子程序　　　　　　　　B. 调用 1 次子程序 "O0260"

C. 调用 2 次子程序 "O0260"　　　D. 返回主程序

命题难度 A　　答案 B

449. G01 属于模态指令，当在程序中遇到下列（　　）指令码后，依然有效。

A. G00　　　　B. G02　　　　C. G03　　　　D. G04

命题难度 C　　答案 D

450. FANUC 数控车床系统中"G92 X__ Z__ F__;"是（　　）指令。

A. 外圆切削循环　　　　　　　　B. 端面切削循环

C. 螺纹切削循环　　　　　　　　D. 纵向切削循环

命题难度 C　　答案 C

451. Position 可翻译为（　　）。

A. 位置　　　　B. 坐标　　　　C. 程序　　　　D. 原点

命题难度 B　　答案 A

452. G 代码表中 01 组的 G 代码属于（　　）。

A. 非模态指令　　B. 模态指令　　C. 增量指令　　D. 绝对指令

命题难度 B　　答案 B

453. 程序段"G90 X48 W-10 F80 ;"应用的是（　　）编程方法。

A. 绝对坐标　　B. 增量坐标　　C. 混合坐标　　D. 极坐标

命题难度 B　　答案 C

454. FANUC 系统英制输入的指令是（　　）。

A. G91　　　　B. G21　　　　C. G20　　　　D. G93

命题难度 D　　答案 C

455. G02 及 G03 插补方向的判别方法是对于 X、Z 平面，从（　　）轴正方向看，顺时针方向为 G02、逆时针方向为 G03。

A. X　　　　B. Y　　　　C. 附加　　　　D. Z

命题难度 A　　答案 B

456. "G92 X__ Z__ F__;"指令中"F__"的含义是（　　）。

A. 进给量　　　　B. 螺距　　　　C. 导程　　　　D. 切削速度

命题难度 B　　答案 C

457. 程序段"G71 U1 R1;"中的"U1"指的是（　　）。

A. 每次的切削深度（半径值）　　B. 每次的切削深度（直径值）

C. 精加工余量（半径值）　　　　D. 精加工余量（直径值）

命题难度 B　　答案 A

458. 区别子程序与主程序的唯一标志是（　　）。

A. 程序号　　　　　　　　B. 程序结束指令

C. 程序长度　　　　　　　D. 编程方法

命题难度 B　　答案 B

459. "G50 S200;"的含义是（　　）。

A. 线速度 200 m/min　　　　B. 最高线速度 200 m/min

C. 最高转速 200 r/min   D. 最低转速 200 r/min

命题难度 C   答案 C

460. 当刀具出现磨损或更换后可以对刀具进行（   ）设置，以缩短准备时间。

   A. 刀具磨耗补偿   B. 刀具补正   C. 刀尖补偿   D. 刀尖的位置

   命题难度 A   答案 A

461. 在断点重新执行处，必须有（   ）指令，否则车床容易出现安全事故。

   A. M05   B. G00   C. G01   D. M03 或 M04

   命题难度 C   答案 A

462. 数控车加工盘类零件时，（   ）指令加工可以提高表面粗糙度。

   A. G96   B. G97   C. G98   D. G99

   命题难度 C   答案 A

463. 当零件图尺寸为链连接（相对尺寸）标准时适宜用（   ）。

   A. 绝对值编程   B. 增量值编程

   C. 两者混合   D. 先绝对值后相对值编程

   命题难度 A   答案 B

464. 辅助指令 M03 的功能是使主轴（   ）。

   A. 反转   B. 启动   C. 正转   D. 停止

   命题难度 C   答案 C

465. 进给功能用于指定（   ）。

   A. 进给深度   B. 进给速度   C. 进给转速   D. 进给方向

   命题难度 D   答案 B

466. G70 指令是（   ）。

   A. 精加工切削循环指令   B. 圆柱粗车削循环指令

   C. 端面车削循环指令   D. 螺纹车削循环指令

   命题难度 B   答案 A

467. 在 FANUC-0i 的系统中，车内孔时 G71 第二行中的"U"为（   ）值。

   A. 正   B. 负   C. 无正负   D. 均不对

   命题难度 B   答案 B

468. 运行 G28 指令，机床将（   ）。

   A. 返回参考点   B. 快速定位   C. 做直线加工   D. 坐标系偏移

   命题难度 B   答案 A

469. Program 可翻译为（   ）。

   A. 删除   B. 程序   C. 循环   D. 工具

   命题难度 B   答案 B

470. 在 FANUC 系统程序加工完成后，程序复位，光标能自动回到起始位置的指令是（   ）。

   A. M00   B. M01   C. M30   D. M02

   命题难度 C   答案 C

471. 若加工外圆直径 φ38.5 mm，实测为 φ38.60 mm，则在该刀具磨耗补偿对应位置输入（   ）进行修调。

A. 0.1   B. −0.1   C. 0.2   D. 0.5

命题难度 A   答案 B

472. FANUC 数控车床系统中，"G90 X__ Z__ R__ F__;"是（   ）指令。

A. 圆柱车削循环   B. 圆锥车削循环

C. 螺纹车削循环   D. 端面车削循环

命题难度 B   答案 B

473. 编程时（   ）由编程者确定，可根据编程方便原则，确定工件的适当位置。

A. 工件原点   B. 机床参考点   C. 机床原点   D. 对刀点

命题难度 D   答案 A

474. FANUC −0i 数控系统，在主程序中调用子程序 O1010，其正确的指令是（   ）。

A. M99 O1010   B. M98 O1010   C. M99 P1010   D. M98 P1010

命题难度 C   答案 D

475. 刀尖半径补偿在（   ）固定循环指令中执行。

A. G71   B. G72   C. G73   D. G70

命题难度 B   答案 D

476. "G90 X__ Z__ F__;"指令中 "F__" 的含义是（   ）。

A. 进给量   B. 螺距   C. 导程   D. 切削长度

命题难度 C   答案 A

477. FANUC 系统数控车床的准备功能 G 代码中，均能使机床做某种运动的一组代码是
（   ）。

A. G00、G01、G02、G03、G43、G41、G42

B. G00、G01、G02、G03、G90、G92、G94

C. G00、G04、G18、G19、G49、G43、G44

D. G01、G02、G03、G17、G40、G41、G42

命题难度 B   答案 B

478. 在"G70 P__ Q__;"指令格式中"Q__"的含义是（   ）。

A. 精加工路径的手段顺序号   B. 精加工路径的末段顺序号

C. 进刀量   D. 退刀量

命题难度 B   答案 B

479. 辅助指令 M01 指令表示（   ）。

A. 程序选择停止   B. 程序暂停   C. 程序结束   D. 主程序结束

命题难度 C   答案 A

480. 在"G71 P(ns) Q(nf) U(Δu) W(Δw) S500;"程序格式中，（   ）表示 Z 轴方向
上的精加工余量。

A. Δu   B. Δw   C. ns   D. nf

命题难度 B   答案 B

481. G00 代码功能是快速定位，其属于（   ）代码。

A. 模态   B. 非模态   C. 标准   D. ISO

命题难度 D　　答案 A

482. 对于锻造成型的工件,最适合采用的固定循环指令为(　　)。

　　A. G71　　　　　　B. G72　　　　　　C. G73　　　　　　D. G74

命题难度 A　　答案 A

483. 刀具半径补偿存储中须输入刀具(　　)值。

　　A. 刀尖的半径　　　　　　　　　　B. 刀尖的直径

　　C. 刀尖的半径和刀尖的位置　　　　D. 刀具的长度

命题难度 A　　答案 C

484. G28 代码是(　　)返回功能,它是 00 组非模态 G 代码。

　　A. 机床零点　　　B. 机械点　　　　C. 参考点　　　　　D. 编程零点

命题难度 C　　答案 C

485. FANUC 数控车系统程序段"G02 X20 W-30 R25 F0.1;"为(　　)。

　　A. 绝对值编程　　　　　　　　　　B. 增量值编程

　　C. 绝对值、增量值混合编程　　　　D. 相对值编程

命题难度 B　　答案 C

486. 下列(　　)指令表示撤销刀具偏置补偿。

　　A. T02D0　　　　　B. T0211　　　　　C. T0200　　　　　D. T0002

命题难度 D　　答案 C

487. 外形复合循环指令"G71 U(Δd) R(e);"段中"Δd"表示(　　)。

　　A. X 轴精加工余量　　　　　　　B. Z 轴精加工余量

　　C. 吃刀深度　　　　　　　　　　　D. 退刀量

命题难度 B　　答案 C

488. 数控车床可用(　　)指令来设置工件坐标系。

　　A. G28　　　　　　B. G17　　　　　　C. G90　　　　　　D. G54

命题难度 A　　答案 D

489. G21 指令表示程序中尺寸字的单位为(　　)。

　　A. m　　　　　　　B. 英寸　　　　　C. mm　　　　　　D. μm

命题难度 C　　答案 C

490. 在 FANUC 系统中,(　　)指令是端面粗加工循环。

　　A. G70　　　　　　B. G71　　　　　　C. G72　　　　　　D. G73

命题难度 B　　答案 C

491. 程序段"G94 X35 Z-6 R3 F0.2;"是循环车削(　　)的程序段。

　　A. 外圆　　　　　　B. 端面　　　　　C. 内孔　　　　　　D. 螺纹

命题难度 B　　答案 B

492. 程序需暂停 5 s 时,下列正确的指令段是(　　)。

　　A. G04 P5000;　　B. G04 P500;　　C. G04 P50;　　　　D. G04 P5;

命题难度 C　　答案 A

493. 下列指令中(　　)可用于内外锥度的加工。

　　A. G02　　　　　　B. G03　　　　　　C. G92　　　　　　D. G90

命题难度 B　　答案 D

494. 车削右旋螺纹时，用（　　）启动主轴。

A. M03　　　　　　B. M04　　　　　C. M05　　　　　　D. M08

命题难度 C　　答案 A

495. 辅助功能中与主轴有关的 M 指令是（　　）。

A. M06　　　　　　B. M09　　　　　C. M08　　　　　　D. M05

命题难度 C　　答案 D

496. 程序段"G02 X50 Z-20 I28 K5 F0.3;"中"I28 K5"表示（　　）。

A. 圆弧的起点　　　　　　　　B. 圆弧的终点

C. 圆弧的圆心相对圆弧起点的坐标 D. 圆弧半径

命题难度 B　　答案 C

497. 取消刀具半径补偿的指令是（　　）。

A. G39　　　　　　B. G40　　　　　C. G41　　　　　　D. G42

命题难度 D　　答案 B

498. 在使用（　　）指令的程序段中要用指令 G50 设置最高转速。

A. G97　　　　　　B. G96　　　　　C. G95　　　　　　D. G98

命题难度 C　　答案 B

499. FANUC 车床螺纹加工单一循环程序段"G92 X52 Z-100 R3.5 F3;"中，"R3.5"的含义是（　　）。

A. 进刀量　　　　　　　　　　B. 锥螺纹大、小端的直径差

C. 锥螺纹大、小端的直径差的一半 D. 退刀量

命题难度 B　　答案 C

500. 前置刀架数控车床上用正手车刀车外圆，刀尖半径补偿指令应是（　　）。

A. G40　　　　　B. G41　　　　　C. G42　　　　　D. G43

命题难度 C　　答案 C

501. 程序段序号通常用（　　）位数字表示。

A. 8　　　　　　　B. 10　　　　　C. 4　　　　　　　D. 11

命题难度 D　　答案 C

502. 沿第三轴正方向面对加工平面，按刀具前进方向确定刀具在工件的右边时应用（　　）补偿指令。

A. G41　　　　　B. G43　　　　　C. G42　　　　　D. G44

命题难度 C　　答案 C

503. 辅助指令 M02 指令表示（　　）。

A. 选择停止　　　B. 程序暂停　　　C. 程序结束　　　　D. 主程序结束

命题难度 C　　答案 C

504. G01 代码功能是直线插补指令，其属于（　　）代码。

A. 模态　　　　　B. 非模态　　　　C. 标准　　　　　　D. ISO

命题难度 D　　答案 A

505. ALARM 的意义是（　　）。

A. 警告　　　　　　B. 插入　　　　　C. 替换　　　　　　　D. 删除

命题难度 B　　答案 A

506. 螺纹加工时，主轴必须在（　　）指令设置下进行。

A. G96　　　　　　B. G97　　　　　C. M05　　　　　　　D. M30

命题难度 A　　答案 B

507. 在 FANUC 系统数控车床上，G92 指令是（　　）。

A. 单一固定循环指令　　　　　　B. 螺纹切削单一固定循环指令

C. 端面切削单一固定循环指令　　D. 建立工件坐标指令

命题难度 B　　答案 B

508. 零件长度为 36 mm，切刀宽度为 4 mm，左刀尖为刀位点，以右端面为原点，则编程时定位在（　　）处切断工件。

A. $Z-36$　　　　B. $Z-40$　　　C. $Z-32$　　　　　D. $Z40$

命题难度 B　　答案 B

509. 为了防止换刀时刀具与工件发生干涉，换刀点的位置应设在（　　）。

A. 机床原点　　　　B. 工件外部　　　C. 工件原点　　　　　D. 对刀点

命题难度 D　　答案 B

510. 当加工程序结束回到程序初始状态时，应当采用（　　）指令。

A. G02　　　　　　B. M05　　　　　C. M00　　　　　　　D. M30

命题难度 B　　答案 D

511. 在数控机床坐标系中平行机床主轴的直线运动为（　　）运动。

A. X 轴　　　　　B. Y 轴　　　　C. Z 轴　　　　　　D. B 轴

命题难度 C　　答案 C

512. 用于指令动作方式的准备功能的指令代码是（　　）。

A. F 代码　　　　　B. G 代码　　　C. T 代码　　　　　D. G 代码

命题难度 D　　答案 B

513. 用于机床刀具编号的指令代码是（　　）。

A. F 代码　　　　　B. T 代码　　　C. M 代码　　　　　D. S 代码

命题难度 D　　答案 B

514. "M98 P100;"表示执行（　　）。

A. 程序结束　　　　B. 孔加工循环　　C. 子程序　　　　　D. 宏指令

命题难度 B　　答案 C

515. "G01 X500 Z100 F0.3;"表示（　　）。

A. 从 $X500$ 处移到 $Z100$　　　　B. 快速移动到 $X500$、$Z100$ 处

C. 进给速度移到 $X500$、$Z100$ 处　D. 进给速度移到 $X500$、$Y100$ 处

命题难度 C　　答案 C

516. 子程序结束指令是（　　）。

A. M02　　　　　　B. M30　　　　　C. M99　　　　　　　D. M98

命题难度 C　　答案 C

517. G00 指令与下列的（　　）指令不是同一组的。

A. G01   B. G03   C. G04   D. G02

命题难度 C   答案 C

518. （ ）为主轴停转。

     A. M02   B. M03   C. M05   D. M04

     命题难度 D   答案 C

519. （ ）是回零操作。

     A. 刀架退到机械零点   B. 刀架退到工件坐标系原点

     C. 刀架退到参考点   D. 刀架退到起刀点

     命题难度 C   答案 C

520. G00 速度是由（ ）决定的。

     A. 机床内参数决定   B. 操作者输入

     C. 编程   D. 进给速度

     命题难度 C   答案 A

521. 下列哪种格式限制主轴最高转速（ ）。

     A. G50 S1800;   B. G96 S200;

     C. G50 X100.0 Y100.0;   D. G60 S300;

     命题难度 C   答案 A

522. FANUC –0i 系统中以 M99 结尾的程序是（ ）。

     A. 主程序   B. 子程序   C. 增量程序   D. 宏程序

     命题难度 C   答案 B

523. 辅助功能指令，由字母（ ）和其后的两位数字组成。

     A. M   B. G   C. F   D. S

     命题难度 D   答案 A

524. 在 FANUC 系统中，（ ）指令是外径粗加工循环指令。

     A. G70   B. G71   C. G72   D. G73

     命题难度 B   答案 B

525. 数控机床机床锁定开关的作用是（ ）。

     A. 程序保护   B. 试运行程序   C. 关机   D. 屏幕坐标值不变化

     命题难度 B   答案 B

526. 当数控机床的手动脉冲发生器的选择开关在"×1"位置时，手轮的进给单位是（ ）。

     A. 0.001 mm/格   B. 0.01 mm/格   C. 0.1 mm/格   D. 1mm/格

     命题难度 C   答案 A

527. 对程序段"G96 S180;"正确的解释是（ ）。

     A. 恒线速度切削，线速度为180 m/min

     B. 恒线速度切削，线速度为180 mm/min

     C. 恒转速控制，主轴转速为180 r/min

     C. 恒线速度切削，线速度为180 mm/r

     命题难度 C   答案 A

528. 圆弧加工指令 G02、G03 中"I""J""K"用于指定（ ）。

    A. 圆弧终点坐标   B. 圆弧起点坐标

    C. 圆心的位置   D. 圆弧起点到圆弧圆心的矢量坐标

    命题难度 B   答案 D

529. 数控机床的快速进给有（ ）种速率可供选择。

    A. 1   B. 2   C. 3   D. 4

    命题难度 B   答案 C

530. 数控机床（ ）时，模式选择开关应放在"MDI"位置。

    A. 快速进给   B. 手动数据输入

    C. 回零   D. 手动进给

    命题难度 A   答案 B

531. 非模态指令是指（ ）。

    A. 一经在程序段中指定，直到出现同组代码时才会失效的代码

    B. 续效功能的代码

    C. 只在该程序段有效的代码

    D. 不能独立使用的代码

    命题难度 C   答案 C

532. 区别子程序与主程序的唯一标志是（ ）。

    A. 程序号   B. 程序结束指令

    C. 程序长度   D. 编程方法

    命题难度 B   答案 B

533. 模态指令是指（ ）。

    A. 一经在程序段中指定，直到出现同组代码时才会失效的代码

    B. 续效功能的代码

    C. 只在该程序段有效的代码

    D. 不能独立使用的代码

    命题难度 C   答案 A

534. 下列 G 功能指令 XZ 平面的是（ ）。

    A. G17   B. G18   C. G19   D. G20

    命题难度 C   答案 B

535. 英制输入的指令是（ ）。

    A. G91   B. G21   C. G20   D. G93

    命题难度 D   答案 C

536. 刀具半径补偿功能为模态指令，数控系统初始状态是（ ）。

    A. G41   B. G42   C. G40   D. 由操作者指定

    命题难度 B   答案 C

537. T0305 中的前两位数字 03 的含义为（ ）。

    A. 刀具号   B. 刀偏号   C. 刀具长度补偿   D. 刀补号

    命题难度 C   答案 A

538. 在数控系统中，相对坐标和绝对坐标混合编程时，同一程序段中可以同时出现
（　　）。
A. X与U　　　　B. Z与W　　　C. Y与V　　　　D. U与Z
命题难度A　　答案D

539. 常用地址符（　　）代表进给速度。
A. L　　　　　B. F　　　　　C. J　　　　　D. E
命题难度B　　答案B

540. 在数控车床中，主轴转速功能字S的单位是（　　）。
A. mm/r　　　B. r/mm　　　C. mm/min　　　D. r/min
命题难度C　　答案D

公差配合部分（共15题）

541. φ30H7中H表示公差带中的（　　）。
A. 基本偏差　　B. 下偏差　　C. 上偏差　　　D. 公差
命题难度C　　答案A

542. 下列项目中属于形状公差的是（　　）。
A. 面轮廓度　　B. 圆跳动　　C. 同轴度　　　D. 平行度
命题难度B　　答案A

543. 最小极限尺寸与基本尺寸的代数差称为（　　）。
A. 上偏差　　　B. 下偏差　　C. 误差　　　　D. 公差带
命题难度C　　答案B

544. 在形状公差中，符号"—"表示（　　）。
A. 高度　　　　B. 面轮廓度　　C. 透视度　　　D. 直线度
命题难度D　　答案D

545. 基本偏差代号为J、K、M的孔与基本偏差代号为h的轴可以构成（　　）。
A. 间隙配合　　　　　　　B. 间隙或过渡配合
C. 过渡配合　　　　　　　D. 过盈配合
命题难度A　　答案C

546. 孔的形状精度主要有圆度和（　　）。
A. 垂直度　　　B. 平行度　　C. 同轴度　　　D. 圆柱度
命题难度B　　答案D

547. 孔、轴配合的配合代号由（　　）组成。
A. 基本尺寸与公差带代号　　B. 孔的公差带代号与轴的公差带代号
C. 基本尺寸与孔的公差带代号　D. 基本尺寸与轴的公差带代号
命题难度A　　答案B

548. 比较不同尺寸的精度，取决于（　　）。
A. 偏差值的大小　　　　　B. 公差值的大小
C. 公差等级的大小　　　　D. 公差单位数的大小
命题难度C　　答案C

549. 符号"IT"表示（　　）的公差。

A. 尺寸精度　　　　　B. 形状精度　　　　C. 位置精度　　　　D. 表面粗糙度

命题难度 D　　答案 A

550. 公差带大小是由（　　）决定的。

A. 公差值　　　　　B. 基本尺寸　　　C. 公差带符号　　　D. 被测要素特征

命题难度 D　　答案 A

551. 公差带位置是由（　　）决定的。

A. 公差值　　　　　B. 基本尺寸　　　C. 公差带符号　　　D. 基本偏差

命题难度 C　　答案 D

552. 下列配合代号中，属于基孔制配合的是（　　）。

A. H7/f6　　　　　B. F7/h6　　　　C. F7/h6　　　　　D. N7/h5

命题难度 B　　答案 A

553. 基本偏差（　　）与不同基本偏差的轴的公差带形成各种配合的一种制度称为基孔制。

A. 不同孔的公差带　　　　　　　B. 一定孔的公差带

C. 较大孔的公差带　　　　　　　D. 较小孔的公差带

命题难度 B　　答案 B

554. 尺寸公差等于上偏差减下偏差或（　　）。

A. 基本尺寸减下偏差　　　　　　B. 最大极限尺寸减最小极限尺寸

C. 最大极限尺寸减基本尺寸　　　D. 基本尺寸减最小极限尺寸

命题难度 C　　答案 B

555. 下列配合中，公差等级不适合选择的是（　　）。

A. H7/g6　　　　　B. H9/g9　　　　C. H7/f8　　　　　D. M8/h8

命题难度 A　　答案 C

零件检测部分（共 10 题）

556. 万能角度尺的测量范围为（　　）。

A. 0°~120°　　　　B. 0°~180°　　　C. 0°~320°　　　　D. 0°~270°

命题难度 B　　答案 C

557. 用来测量工件内外角度的量具是（　　）。

A. 万能角度尺　　　B. 内径千分尺　　C. 游标卡尺　　　　D. 量块

命题难度 D　　答案 A

558. 可选用（　　）来测量孔的深度是否合格。

A. 游标卡尺　　　　B. 深度千分尺　　C. 杠杆百分表　　　D. 内径塞规

命题难度 C　　答案 B

559. 深度千分尺的测微螺杆移动量是（　　）。

A. 85 mm　　　　　B. 35 mm　　　　C. 25 mm　　　　　D. 15 mm

命题难度 B　　答案 C

560. 在质量检验中，要坚持"三检"制度，即（　　）。

A. 自检、互检、专职检　　　　　B. 首检、中间检、尾检

C. 自检、巡回检、专职检　　　　D. 首检、巡回检、尾检

命题难度 C　　答案 A

561. 可用于测量孔的直径和孔的形状误差的（　　）是由百分表和专用表架组成的。

　　A. 外径百分表　　B. 杠杆百分表　　C. 内径百分表　　D. 杠杆千分尺

命题难度 B　　答案 C

562. 可选用（　　）来测量孔内径是否合格。

　　A. 水平仪　　　　B. 圆规　　　　C. 内径千分尺　　D. 环规

命题难度 C　　答案 C

563. 百分表对零后（即转动表盘，使零刻线对准长指针），若测量时长指针沿顺时针方向转动 20 格，则测量杆沿轴相对于测头方向（　　）。

　　A. 缩进 0.2 mm　　B. 缩进 0.8 mm　　C. 伸出 0.2 mm　　D. 伸出 0.8 mm

命题难度 A　　答案 A

564. 百分表的分度值是（　　）mm。

　　A. 1　　　　　　B. 0.1　　　　　C. 0.01　　　　D. 0.001

命题难度 C　　答案 C

565. 为使用方便和减少积累误差，量块应尽量选用（　　）。

　　A. 很多　　　　B. 较多　　　　C. 较少　　　　D. 5 块以上

命题难度 B　　答案 C

材料及热处理部分（共 15 题）

566. 下列不属于碳素工具钢的牌号为（　　）。

　　A. T7　　　　　B. T8A　　　　C. T8Mn　　　　D. Q235

命题难度 D　　答案 D

567. 为降低铸造件的硬度，以便于切削加工，应进行（　　）处理。

　　A. 淬火　　　　B. 退火　　　　C. 高温回火　　D. 调质

命题难度 C　　答案 B

568. 精车 1Cr18NiTi 奥氏体不锈钢壳采用的硬质合金刀片是（　　）。

　　A. YT15　　　　B. YT30　　　　C. YG3　　　　D. YG8

命题难度 A　　答案 C

569. 牌号以字母 T 开头的碳钢是（　　）。

　　A. 普通碳素结构钢　　　　　　　B. 优质碳素结构钢

　　C. 碳素工具钢　　　　　　　　　D. 铸造碳钢

命题难度 D　　答案 C

570. 牌号为 45 号的钢中的 45 表示含碳量为（　　）。

　　A. 0.45%　　　　B. 0.045%　　　C. 4.5%　　　　D. 45%

命题难度 B　　答案 A

571. 牌号为 HT200 的材料适用于制造（　　）。

　　A. 机床床身　　B. 冲压件　　　C. 螺钉　　　　D. 重要的轴

命题难度 B　　答案 A

572. 为了消除焊接零件的应力，应采取（　　）热处理工艺。

　　A. 回火　　　　B. 正火　　　　C. 退火　　　　D. 调质

命题难度 D　　答案 C

573. 用于传动的轴类零件，可使用（　　　）作为毛坯材料，以提高其机械性能。

　　A. 铸件　　　　　　B. 锻件　　　　　C. 管件　　　　　　D. 板料

命题难度 C　　答案 B

574. 牌号为 45 号的钢属于（　　　）。

　　A. 普通碳素结构钢　　　　　　　B. 优质碳素结构钢

　　C. 碳素工具钢　　　　　　　　　D. 铸造碳钢

命题难度 B　　答案 B

575. 牌号为 T12A 的材料是指平均含碳量为（　　　）的碳素工具钢。

　　A. 1.2%　　　　　B. 12%　　　　　C. 0.12%　　　　　D. 2.2%

命题难度 C　　答案 A

576. 粗加工应选用（　　　）。

　　A. 3%～5% 乳化液　　　　　B. 10%～15% 乳化液

　　C. 切削液　　　　　　　　　D. 煤油

命题难度 A　　答案 A

577. 一般钻头的材质是（　　　）。

　　A. 高碳钢　　　　　B. 高速钢　　　　C. 高锰钢　　　　　D. 碳化物

命题难度 C　　答案 A

578. 金属在断裂前吸收变形能量的能力指的是钢的（　　　）。

　　A. 强度和塑性　　　B. 韧性　　　　　C. 硬度　　　　　　D. 疲劳强度

命题难度 B　　答案 B

579. 不能做刀具的材料是（　　　）。

　　A. 碳素工具钢　　　B. 碳素结构钢　　C. 合金工具钢　　　D. 高速钢

命题难度 C　　答案 B

580. 普通卧式车床加工尺寸公差等级可达（　　　），表面粗糙度 Ra 值可达 1.6 μm。

　　A. IT9～IT8　　　B. IT8～IT7　　　C. IT7～IT6　　　　D. IT10～IT9

命题难度 A　　答案 B

附录2 FANUC 仿真软件操作规程

一、操作面板的认识

操作面板见附图 2 - 1。

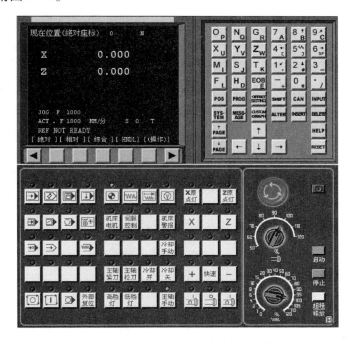

附图 2 - 1   FANUC - 0i 车床标准面板

附表 2 - 1   FANUC - 0i 车床标准面板功能说明

按钮	名　称	功　能　说　明
⇥	自动运行	此按钮被按下后，系统进入自动加工模式
◇	编辑	此按钮被按下后，系统进入程序编辑状态
▣	MDI	此按钮被按下后，系统进入 MDI 模式，手动输入并执行指令
⬇	远程执行	此按钮被按下后，系统进入远程执行模式（DNC 模式），输入/输出资料
⮕	单节	此按钮被按下后，运行程序时每次执行一条数控指令

按钮	名 称	功 能 说 明
	单节忽略	此按钮被按下后，数控程序中的注释符号"/"有效
	选择性停止	按下该按钮，"M01"代码有效
	机械锁定	锁定机床
	试运行	空运行
	进给保持	程序运行暂停。在程序运行过程中，按下此按钮程序暂停运行。按"循环启动"按钮后恢复运行
	循环启动	程序运行开始。系统处于自动运行或"MDI"位置时按下有效，其余模式下使用无效
	循环停止	程序运行停止。在数控程序运行中，按下此按钮程序停止运行
外部复位	外部复位	在程序运行中按下该按钮将使序运行停止。在机床运行超程时若"超程释放"按钮不起作用可使用该按钮使系统释放
	回原点	按下该按钮系统处于回原点模式
	手动	机床处于手动模式，连续移动
	增量进给	机床处于手动模式，点动移动
	手动脉冲	机床处于手轮控制模式
X1 X10 X100 X1000	手动增量步长选择按钮	手动时，通过按该按钮来调节手动步长。×1、×10、×100分别代表移动量为0.001 mm、0.01 mm、0.1 mm
主轴手动	主轴手动	按该按钮将允许手动控制主轴
	主轴控制按钮	从左至右分别为：正转、停止、反转
+X	X正方向	在手动时控制主轴向X正方向移动
+Y	Y正方向	在手动时控制主轴向Y正方向移动
+Z	Z正方向	在手动时控制主轴向Z正方向移动
-X	X负方向	在手动时控制主轴向X负方向移动
-Y	Y负方向	在手动时控制主轴向Y负方向移动

按　钮	名　　称	功　能　说　明
-Z	Z负方向	在手动模式时控制主轴向Z负方向移动
	主轴倍率选择旋钮	将光标移至此旋钮上后，通过单击鼠标的左键或右键来调节主轴旋转倍率
	进给倍率	调节运行时的进给速度倍率
	急停按钮	按下急停按钮，使机床移动立即停止，并且所有的输出如主轴的转动等都会关闭
超程释放	超程释放	系统超程释放
H	手轮显示按钮	按下此按钮，则可以显示出手轮
	手轮面板	按H按钮将显示手轮面板，再按手轮面板上右下角的H按钮，又可将手轮隐藏
	手轮轴选择旋钮	在手轮状态下，将光标移至此旋钮上后，通过单击鼠标的左键或右键来选择进给轴
	手轮进给倍率选择旋钮	在手轮状态下，将光标移至此旋钮上后，通过单击鼠标的左键或右键来调节点动/手轮步长。×1、×10、×100分别代表移动量为0.001 mm、0.01 mm、0.1 mm
	手轮	将光标移至此旋钮上后，通过单击鼠标的左键或右键来转动手轮
启动	启动	启动控制系统
停止	关闭	关闭控制系统

二、操作步骤

（一）激活车床

单击"启动"按钮，此时车床电动机和伺服控制的指示灯变亮。

检查"急停"按钮是否松开至 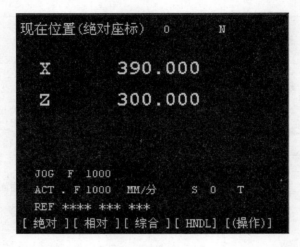 状态，若未松开，单击"急停"按钮将其松开。

（二）车床回参考点

检查操作面板上回原点指示灯是否亮，若指示灯亮，则已进入回原点模式；若指示灯不亮，则单击"回原点"按钮，转入回原点模式。

在回原点模式下，先将 X 轴回原点，单击操作面板上的"X 轴选择"按钮，使 X 轴方向移动指示灯变亮，单击"正方向移动"按钮，此时 X 轴将回原点，X 轴回原点灯变亮，CRT 上的 X 坐标变为"390.00"。同样，再单击"Z 轴选择"按钮，使指示灯变亮，单击 按钮，Z 轴将回原点，Z 轴回原点灯变亮，此时 CRT 界面如附图 2 – 2 所示。

附图 2 – 2

（三）手动/连续方式

1. 手动方式

①单击操作面板上的"手动"按钮，使其指示灯变亮，机床进入手动模式。

②分别单击 X 、 Y 、 Z 按钮，选择移动的坐标轴。

③分别单击 + 、 − 按钮，控制机床的移动方向。

④单击 按钮控制主轴的转动和停止。

注：刀具切削零件时，主轴须转动。加工过程中刀具与零件发生非正常碰撞后（非正常碰撞包括车刀的刀柄与零件发生碰撞、铣刀与夹具发生碰撞等），系统弹出警告对话框，同时主轴自动停止转动，调整到适当位置，继续加工时须再次单击 按钮，使主轴重新转动。

2. 手摇方式

在精确调节机床时，如对刀操作，可用手动脉冲方式调节机床。

①单击操作面板上的"手动脉冲"按钮 或 ，使指示灯 变亮。

②单击回按钮，显示手轮。

③鼠标对准"轴选择"旋钮，单击左键或右键，选择坐标轴。

④鼠标对准"手轮进给速度"旋钮，单击左键或右键，选择合适的脉冲当量。

⑤鼠标对准"手轮"旋钮，单击左键或右键，精确控制机床的移动。

⑥单击旋钮控制主轴的转动和停止。

⑦单击旋钮，可隐藏手轮。

（四）对刀

数控程序一般按工件坐标系编程，对刀的过程就是建立工件坐标系与机床坐标系之间关系的过程。下面具体说明车床对刀的方法，其中将工件右端面中心点设为工件坐标系原点。将工件上其他点设为工件坐标系原点的方法与对刀方法类似。

注：测量工件原点，直接输入工件坐标系 G54 ~ G59。

①切削外径：单击操作面板上的"手动"按钮，手动状态指示灯变亮，机床进入手动操作模式，单击控制面板上的 X 按钮，使 X 轴方向移动指示灯变亮，单击 + 或 − 旋钮，使机床在 X 轴方向移动；同样使机床在 Z 轴方向移动。通过手动方式将机床移到如附图 2 - 3 所示的大致位置。

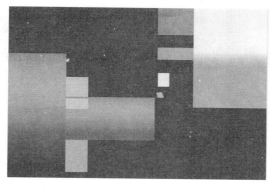

附图 2 - 3

单击操作面板上的 按钮，使其指示灯变亮，主轴转动。再单击"Z 轴方向选择"按钮，使 Z 轴方向指示灯变亮，单击 − 按钮，用所选刀具来试切工件外圆，如附图 2 - 4 所示。然后按 + 按钮，X 方向保持不动，刀具退出。

②测量切削位置的直径：单击操作面板上的 按钮，使主轴停止转动，单击菜单"测量"→"坐标测量"，如附图 2 - 5 所示，单击试切外圆时所切线段，选中的线段由红色变为黄色。记下下半部对话框中对应的 X 值（即直径）。

③按下控制箱键盘上的 键。

④把光标定位在需要设定的坐标系上。

⑤将光标移到"X"。

⑥输入直径值。

⑦按"测量"软键（通过按"操作"软键，可以进入相应的菜单。）。

⑧切削端面：单击操作面板上的 [图] 或 [图] 按钮，使其指示灯变亮，主轴转动。将刀具移至如附图 2-6 所示的位置，单击控制面板上的 [X] 按钮，使 X 轴方向移动指示灯变亮，单击 [−] 按钮，切削工件端面，如附图 2-7 所示。然后按 [+] 按钮，Z 方向保持不动，刀具退出。

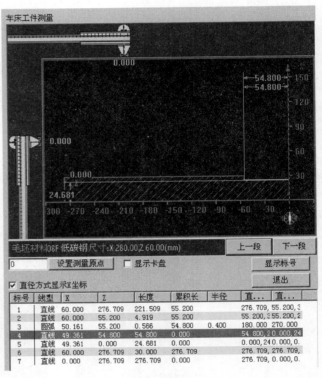

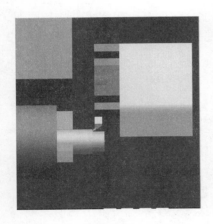

附图 2-4

附图 2-5

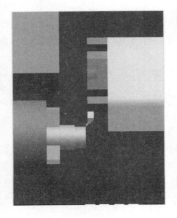

附图 2-6

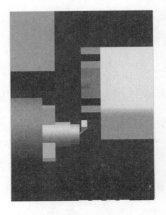

附图 2-7

⑨单击操作面板上的"主轴停止"按钮，使主轴停止转动。

⑩把光标定位在需要设定的坐标系上。

⑪在 MDI 键盘面板上按下需要设定的轴的按键（"Z"键）。

⑫输入工件坐标系原点的距离（注意距离有正负号）。

⑬按"测量"软键，自动计算出坐标值填入。

⑭ 测量、输入刀具偏移量。

使用这种方法对刀，在程序中直接以机床坐标系原点作为工件坐标系原点。用所选刀具试切工件外圆，单击"主轴停止"按钮，使主轴停止转动，单击菜单"测量"→"坐标测量"，得到试切后的工件直径，记为"α"。

保持 X 轴方向不动，刀具退出。单击 MDI 键盘上的 ^{OFFSET}/_{SETTING} 键，进入形状补偿参数设定界面，将光标移到与刀位号相对应的位置，输入"Xα"，选择菜单中的"测量"软键（见附图 2 – 8），对应的刀具偏移量自动输入。

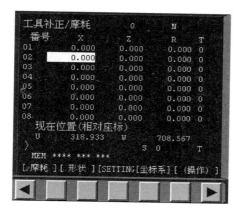

附图 2 – 8

试切工件端面，把端面在工件坐标系中 Z 的坐标值记为"β"（此处以工件端面中心点为工件坐标系原点，则 β 为 0）。

保持 Z 轴方向不动，刀具退出。进入形状补偿参数设定界面，将光标移到相应的位置，输入"Zβ"，按"测量"软键，对应的刀具偏移量自动输入。

（五）数控程序管理

1. 显示数控程序目录

经过导入数控程序操作后，单击操作面板上的"编辑"按钮，编辑状态指示灯变亮，此时已进入编辑状态。单击 MDI 键盘上的 ^{PROG} 键，CRT 界面转入编辑页面。按"LIB"软键，经过 DNC 传送的数控程序名显示在 CRT 界面上。如附图 2 – 9 所示。

2. 选择一个数控程序

经过导入数控程序操作后，单击 MDI 键盘上的 ^{PROG} 键，CRT 界面转入编辑页面。利用 MDI 键盘输入"O××××"（×为数控程序目录中显示的程序号），按 ↓ 键开始搜索，搜索到"O××××"后显示在屏幕首行程序号位置，NC 程序显示在屏幕上。

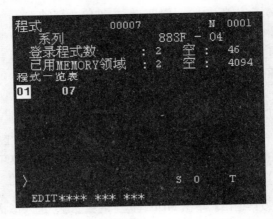

附图 2-9

3. 删除一个数控程序

单击操作面板上的"编辑"按钮，编辑状态指示灯变亮，此时已进入编辑状态。利用 MDI 键盘输入"O××××"（×为要删除的数控程序在目录中显示的程序号），按 **DELETE** 键，程序即被删除。

4. 新建一个 NC 程序

单击操作面板上的"编辑"按钮，编辑状态指示灯变亮，此时已进入编辑状态。单击 MDI 键盘上的 **PROG** 键，CRT 界面转入编辑页面。利用 MDI 键盘输入"O××××"（×为程序号，但不可以与已有程序号的重复），按 **INSERT** 键，CRT 界面上显示一个空程序，可以通过 MDI 键盘开始程序输入。输入一段代码后，按 **INSERT** 键，输入域中的内容显示在 CRT 界面上，用回车换行键结束一行的输入后换行。

5. 删除全部数控程序

单击操作面板上的"编辑"按钮，编辑状态指示灯变亮，此时已进入编辑状态。单击 MDI 键盘上的 **PROG** 键，CRT 界面转入编辑页面。利用 MDI 键盘输入"0～9999"，按 **DELETE** 键，全部数控程序即被删除。

6. 编辑程序

单击操作面板上的"编辑"按钮，编辑状态指示灯变亮，此时已进入编辑状态。单击 MDI 键盘上的 **PROG** 键，CRT 界面转入编辑页面。选定了一个数控程序后，此程序显示在 CRT 界面上，可对数控程序进行编辑操作。

（1）移动光标

PAGE↑ 和 **PAGE↓** 键用于翻页，方位键 ↑ ↓ ← → 用于移动光标。

（2）插入字符

先将光标移到所需位置，单击 MDI 键盘上的"数字/字母"键，将代码输入到输入域中，按 **INSERT** 键，把输入域的内容插入到光标所在代码后面。

（3）删除输入域中的数据

CAN 键用于删除输入域中的数据。

（4）删除字符

先将光标移到所需删除字符的位置，按 DELETE 键，删除光标所在的代码。

（5）查找

输入需要搜索的字母或代码，按 ↓ 键开始在当前数控程序中光标所在位置后搜索。代码可以是：一个字母或一个完整的代码。例如："N0010"，"M"等。如果此数控程序中有所搜索的代码，则光标停留在找到的代码处；如果此数控程序中光标所在位置后没有所搜索的代码，则光标停留在原处。

（6）替换

先将光标移到所需替换字符的位置，将替换的字符通过 MDI 键盘输入到输入域中，按 ALTER 键，用输入域的内容替代光标所在的代码。

7. 保存程序

编辑好的程序需要进行保存操作。

单击操作面板上的"编辑"按钮，编辑状态指示灯变亮，此时已进入编辑状态。选择"操作"软键，在下级子菜单中选择"Punch"软键，在弹出的对话框中输入文件名，选择文件类型和保存路径，单击"保存"按钮。如附图 2-10 所示。

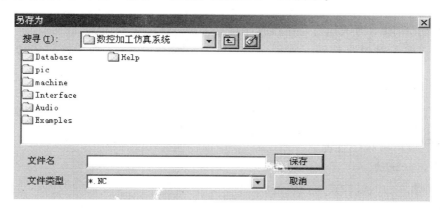

附图 2-10

（六）自动加工方式

1. 自动/连续方式

（1）自动加工流程

①检查机床是否回零，若未回零，先将机床回零。

②导入数控程序或自行编写一段程序。

③单击操作面板上的"自动运行"按钮，使其指示灯变亮 。

④单击操作面板上的 按钮，程序开始运行。

（2）中断运行

数控程序在运行过程中可根据需要暂停、停止、急停和重新运行。

①数控程序在运行时，按暂停键 ，程序停止执行；再单击 键，程序从暂停位置开始执行。

②数控程序在运行时，按停止键 ，程序停止执行；再单击 键，程序从开头重新执行。

③数控程序在运行时，按下急停按钮 ，数控程序中断运行，继续运行时，先将急停按钮松开，再按 按钮，余下的数控程序从中断行开始作为一个独立的程序执行。

（3）自动/单段方式

①检查机床是否机床回零。若未回零，先将机床回零。

②再导入数控程序或自行编写一段程序。

③单击操作面板上的"自动运行"按钮，使其指示灯变亮 。

④单击操作面板上的"单节"按钮。

⑤单击操作面板上的 按钮，程序开始执行。

注：

①"自动/单段"方式执行每一行程序均需单击一次 按钮。

②单击"单节跳过"按钮，则程序运行时跳过符号"/"有效，该行成为注释行，不执行。

③单击"选择性停止"按钮，则程序中 M01 有效。

④可以通过"主轴倍率"旋钮与"进给倍率"旋钮来调节主轴旋转和移动的速度。

⑤按 键可将程序重置。

2. 检查运行轨迹

NC 程序导入后，可检查运行轨迹。

单击操作面板上的"自动运行"按钮，使其指示灯变亮，转入自动加工模式，单击 MDI 键盘上的 按钮，单击"数字/字母"键，输入"O××××"（×为所需要检查运行轨迹的数控程序号），按 按钮开始搜索，找到后，程序显示在 CRT 界面上。单击 按钮，进入检查运行轨迹模式，单击操作面板上的循环启动按钮 ，即可观察数控程序的运行轨迹，此时也可通过"视图"菜单中的动态旋转、动态放缩、动态平移等方式对三维运行轨迹进行全方位的动态观察。

（七）MDI 模式

①单击操作面板上的 按钮，使其指示灯变亮，进入 MDI 模式。

②在 MDI 键盘上按 **PROG** 键，进入编辑页面。

③输写数据指令：在输入键盘上单击"数字/字母"键，可以进行取消、插入和删除等修改操作。

④按"数字/字母"键键入字母"O"，再键入程序号，但不可以与已有程序号重复。

⑤输入程序后，用回车换行键结束一行的输入后换行。

⑥移动光标：按 **PAGE PAGE** 键翻页，按 ↑ ↓ ← → 键移动光标。

⑦按 **CAN** 键，删除输入域中的数据；按 **DELETE** 键，删除光标所在的代码。

⑧按键盘上的 **INSERT** 键，输入所编写的数据指令。

⑨输入完整数据指令后，按"循环启动"按钮运行程序。

⑩用 **RESET** 键清除输入的数据。

附录3　G 指令一览表

FANUC – 0i 系统数控车床 G 指令一览表见表 3 – 1。重要提示：本系统中车床采用直径编程。

附表 3 – 1　FANUC – 0i 系统数控车床 G 指令一览表

代码	分组	意　　义	格　　式
G00	01	快速进给、定位	G00 X__ Z__;
G01		直线插补	G01 X__ Z__;
G02		圆弧插补 CW（顺时针）	$\begin{Bmatrix}G02\\G03\end{Bmatrix}$X__ Z__ $\begin{Bmatrix}R\,\_\_\\I\_\_\;K\_\_\end{Bmatrix}$
G03		圆弧插补 CCW（逆时针）	
G04	00	暂停	G04 X_;X 单位为 s; 或　G04 P__ ;P 为 ms（整数）
G20	06	英制输入	
G21		米制输入	
G28	0	回归参考点	G28 X__ Z__;
G29		由参考点回归	G29 X__ Z__;
G32	01	螺纹切削（由参数指定绝对和增量）	G32 X(U)__ Z(W)__ F(L); L 指螺纹导程,单位为 mm
G40	07	刀具补偿取消	G40 G00 X__ Z__;
G41		左半径补偿	$\begin{Bmatrix}G41\\G42\end{Bmatrix}$ Dnn
G42		右半径补偿	
G50	00		设定工件坐标系: G50 X__ Z__; 偏移工件坐标系: G50 U__ W__;
G53		机械坐标系选择	G53 X__ Z__;

代码	分组	意　义	格　式
G54	12	选择工作坐标系1	G××
G55		选择工作坐标系2	
G56		选择工作坐标系3	
G57		选择工作坐标系4	
G58		选择工作坐标系5	
G59		选择工作坐标系6	
G70	00	精加工循环	G70 P(*ns*) Q(*nf*)；
G71		外圆粗车循环	G71 U(Δd) R(*e*)； G71 P(*ns*) Q(*nf*) U(Δu) W(Δw) F(*f*)；
G72		端面粗切削循环	G72 W(Δd) R(*e*)； G72 P(*ns*) Q(*nf*) U(Δu) W(Δw) F(*f*) S(*s*) T(*t*)； 程序中：Δd——切深量； 　　　　*e*——退刀量； 　　　　*ns*——精加工形状的程序段组的第一个程序段的顺序号； 　　　　*nf*——精加工形状的程序段组的最后程序段的顺序号； 　　　　Δu——X方向精加工余量的距离及方向； 　　　　Δw——Z方向精加工余量的距离及方向
G73		封闭切削循环	G73 U(*i*) W(Δk) R(*d*)； G73 P(*ns*) Q(*nf*) U(Δu) W(Δw) F(*f*)；
G74		端面切断循环	G74 R(*e*)　； G74 X(U)　Z(W)　P(Δi) Q(Δk) R(Δd) F(*f*)； 程序中：*e*——返回量； 　　　　Δi——X方向的移动量； 　　　　Δk——Z方向的切深量； 　　　　Δd——孔底的退刀量； 　　　　*f*——进给速度
G75		内径/外径切断循环	G75 R(*e*)； G75 X(U)　Z(W)　P(Δi) Q(Δk) R(Δd) F(*f*)；

代码	分组	意　义	格　式
G76	00	复合型螺纹切削循环	G76 P(m) (r) (α) Q(Δd_{min}) R(d)； G76 X(U)__ Z(W)__ R(i) P(k) Q(Δd) F(l)； 程序中：m——最终精加工重复次数为1~99； 　　　　　r——螺纹的精加工量（倒角量）； 　　　　　α——刀尖的角度（螺牙的角度），可选择 　　　　　　　80，60，55，30，29，0六个种类； 　　　　　m，r，α——同用地址P一次指定； 　　　　　Δd_{min}——最小切深度； 　　　　　i——螺纹部分的半径差； 　　　　　k——螺牙的高度； 　　　　　Δd——第一次的切深量； 　　　　　l——螺纹导程；
G90	01	直线车削循环加工	G90 X(U)__ Z(W)__ F__； G90 X(U)__ Z(W)__ R__ F__；
G92	01	螺纹车削循环	G92 X(U)__ Z(W)__ F__； G92 X(U)__ Z(W)__ R__ F__；
G94	01	端面车削循环	G94 X(U)__ Z(W)__ F__； G94 X(U)__ Z(W)__ R__ F__；
G98	05	每分钟进给速度	
G99	05	每转进给速度	

附录4 FANUC系统M指令一览表

附录4-1 FANUC系统M指令一览表

代码	意　义	格　式
M00	停止程序运行	
M01	选择性停止	
M02	结束程序运行	
M03	主轴正向转动开始	
M04	主轴反向转动开始	
M05	主轴停止转动	
M06	换刀指令	M06 T__;
M08	冷却液开启	
M09	冷却液关闭	
M30	结束程序运行且返回程序开头	
M98	子程序调用	M98 P××$nnnn$； 调用程序号为O$nnnn$的程序××次
M99	子程序结束	子程序格式： O$nnnn$； … M99；

附录5 教学用表

附表 5 - 1 学生自我评价表

班级			姓名	
项目名称			组别	
考核项目	考核内容		满分	得分
社会能力	尊敬师长		5	
	相互协作		5	
	相互帮助		5	
	办事能力		5	
方法能力	出勤		10	
	独立思考、解决问题能力		5	
	创新能力		10	
专业能力	安全规范意识		15	
	零件加工分析能力		10	
	工艺处理能力		10	
	实际操作能力		10	
	零件检测能力		10	
合计			100	

附表 5 - 2 小组成员互评表

被评价学生			任务名称	
组别			时间	
考核项目	考核内容		满分	得分
社会能力	尊敬师长		5	
	相互协作		5	
	相互帮助		10	
	办事能力		10	
方法能力	创新能力		10	
	独立思考、解决问题能力		10	
	学习态度		10	

续表

被评价学生		任务名称	
组别		时间	
考核项目	考核内容	满分	得分
专业能力	所承担的工作量	10	
	理论与实际操作	20	
	安全操作	10	
合计		100	

附表 5-3　教师评价表

班级		姓名		
项目名称		组别		
评分内容		分值	得分	备注
专业能力 60%	切削用量合理	5		
	工艺过程规范合理	5		
	刀具选择及安装正确	5		
	机床操作规范	5		
	工件装夹规范合理	5		
	尺寸精度符合要求	10		
	表面质量与形位精度符合要求	10		
	安全操作	5		
	机床维护与保养	5		
	工作场所管理	5		
方法及社会能力 20%	自学能力	5		
	表达沟通能力	5		
	合作能力	5		
	创新能力	5		
其他 20%	上交文件齐全、正确	5		
	完成工作量	5		
	学生自我评价	5		
	小组互评	5		
总分		100		
评价教师		评语		

附表 5 – 4　数控加工工序卡片

任务名称					材料		
工序号		程序编号			设备名称		
工步号	工步内容	刀具号	刀具规格	主轴转速/(r·min⁻¹)	进给速度/(mm·min⁻¹)	背吃刀量/mm	备注
编制		组别			时间		

附表 5 – 5　数控加工刀具卡片

任务名称							
序号	刀具号	刀具名称	规格	数量	被加工表面	刀尖半径	备注
编制				组别		时间	

附表 5 - 6　数控加工量具卡片

项目任务名称					
序号	量具名称	规格	数量	测量表面	备注
编制		组别		时间	

附表 5 - 7　数控加工程序单

项目任务名称					
姓名		组别		日期	
程序内容					